W0330006

Ulf Kaack

Die Seenotkreuzer-Klasse EISWETTE

Konstruktion und Bau der DGzRS-Rettungseinheiten SK 30 und SK 31

Ein Buch aus der Reihe „Rausfahren, wenn andere reinkommen“

Verlag Peter Kurze Bremen

Impressum

© 2009 Verlag Peter Kurze Bremen
www.peterkurze.de

Ulf Kaack
Die Seenotkreuzer-Klasse EISWETTE
Konstruktion und Bau der
DGzRS-Rettungseinheiten SK 30 und SK 31
ISBN 978-3-927485-93-8
Band 4 der Reihe:
Rausfahren, wenn andere reinkommen

1. Aufl. 2009 · Druck: Media-Print Paderborn
Alle Rechte vorbehalten. Das Werk bzw. Teile davon dürfen nur mit schriftlicher Einwilligung reproduziert, übertragen oder kopiert werden. Dazu zählen auch die Übernahme auf Speichermedien, die Verwendung von Bildern aus diesem Buch für andere Bücher, Zeitschriften, Internet, Film und Fernsehen.

Der Autor

Ulf Kaack, geboren 1964, ist seit vielen Jahren journalistisch und publizistisch tätig. Von 2002 bis 2008 war er hauptberuflich im Bereich Presse- und Öffentlichkeitsarbeit der DGzRS beschäftigt.

Basis für die Recherchen waren verschiedene Publikationen und technische Dokumente der Deutschen Gesellschaft zur Rettung Schiffbrüchiger, Werderstraße 2, 28199 Bremen. Sämtliche technischen Daten und Beschreibungen wurden in enger Zusammenarbeit mit der technisch-nautischen Inspektion, vor allem mit dem Projektleiter Holger Freese der DGzRS sowie der Bauwerft und den Zulieferfirmen zusammengetragen.

Dank

Der Autor bedankt sich bei Torben Balz, Olaf Bergann, Dirk Göttsch, Chris Hartmann, Matthias Kühnling, Jörn Meier, Manuel Miserok, Christine Offenhausen, Dr. Christian Ostersehlte, Willi Paulsen, Hans-Siegfried Rathjen, Jörg Rabe, Horst Saade und Lutz Zetzsche für ihre Unterstützung.

Ein besonderer Dank geht an Holger Freese, den Projektmanager der DGzRS, an Christian Böhme, Produktmanager Schiffbau der Firma Graupner, und an Dr. Sven Claußen in Oldenburg, die maßgeblich am Entstehen dieses Buches mitgewirkt haben. Der Autor bedankt sich bei allen Mitarbeiterinnen und Mitarbeitern der Deutschen Gesellschaft zur Rettung Schiffbrüchiger sowie bei der Geschäftsleitung und der Belegschaft der Fassmer-Werft.

Fotonachweis

Torben Balz, Pinneberg: 3
Dr. Sven Claußen, Oldenburg: 10ul, 10or, 12ul, 19, 21, 30ur, 43, 44, 45, 46r, 58, 75, 77
Archiv der DGzRS, Bremen: 4l, 6, 7, 8, 10ur, 11, 12ol, 12or, 13l, 14, 17ul, 17ur, 18, 20, 23, 24, 25, 26, 27, 28, 29, 30l, 30or, 31, 32, 33, 34, 35ur, 36ol, 38, 39, 42, 46l, 54, 56, 67ol, 68ro, 73, 74, 83, 84u, 85, 86, 87o
Dirk Göttsch, Laboe: 12ur
Archiv Graupner, Kirchheim/Teck: 89or, 89ur, 90or, 90ur, 91, 92
Archiv Hamburger Schiffbau Versuchsanstalt, Hamburg: 13or, 13ur
Chris Hartmann, Zürich: 9o, 10ol, 10or, 22, 68ru, 69, 70, 76, 84o, 87u
Ulf Kaack, Syke: Titel, Rücktitel, 4m, 4r, 5, 15, 16, 17ol, 35or, 35ol, 35ul, 36or, 36ol, 36ul, 37, 40, 41, 47, 48, 49, 50, 51, 53, 55, 57, 60, 62, 63, 64, 66, 67ul, 71, 78, 80, 81, 82ol, 82or, 88, 89l, 93,95
Peter Kurze, Bremen: 79
Manuel Miserok, Köln: 9u, 52, 59, 61, 65, 82ul, 82ur
Marcel Zoch, Münster: 72

Weitere Informationen im Internet

www.seenotretter.de, www.sea-rescue.de

Inhaltsverzeichnis

Vorwort

Die Seenotkreuzer der Deutschen Gesellschaft zur Rettung Schiffbrüchiger (DGzRS) sind eine Meisterleistung aus Ingenieurskunst und schiffbaulichem Handwerk. Entwicklung und Konzept dieses Spezialschiff-Typs reichen zurück bis an den Anfang der 50er Jahre des letzten Jahrhunderts.

Nach intensiven Versuchen und praxisnahen Erprobungen mit den Prototypen BREMEN und HERMANN APELT wurde am 12. Februar 1957 die THEODOR HEUSS, der erste völlig ausgereifte Seenotkreuzer, getauft und in Dienst gestellt. Bis zum Jahr 2003 baute die DGzRS 34 weitere Einheiten nach diesem Vorbild – ständig weiterentwickelt und den jeweils modernsten Erkenntnissen angepasst. Es entstanden sieben verschiedene Typklassen sowie die Einzelkonstruktionen PAUL DENKER und HERMANN MARWEDE.

In der Regel werden die Einheiten der DGzRS nach 25 bis 30 Dienstjahren aus der Flotte genommen und durch Neubauten ersetzt. Dieser Zyklus lässt eine langfristige und verbindliche Planung zu – in technischer wie auch in finanzieller Hinsicht.

So begannen die Seenotretter im Herbst 2003 mit den Planungen für eine neue Seenotkreuzerklasse, wobei sie von Beginn an mit den Konstrukteuren und Schiffbauern der Fassmer-Werft im niedersächsischen Berne-Motzen an der Unterweser intensiv zusammen arbeiteten. Eng war ebenso der ständige Dialog mit den Vor- und Rettungsmännern in allen Phasen der Projektrealisierung. Auch fand ein ständiger informeller Austausch mit ausländischen SAR-Organisationen hinsichtlich der Lösung technischer und konzeptioneller Probleme statt. Die Projektleitung lag in den Händen von Holger Freese, Schiffbauingenieur in der Inspektion der DGzRS.

Nach rund fünf Jahren Planungs- und Bauzeit wurde unter der DGzRS-internen Bezeichnung SK 30 der erste Seenotkreuzer der 20-Meter-Klasse am 6. Januar 2009 auf den Namen EISWETTE getauft. Zu diesem Zeitpunkt stand das Schwesterschiff SK 31 unmittelbar vor seiner Fertigstellung. Beide Einheiten markieren eine neue technische Epoche in der Flotte der DGzRS: die vierte Generation dieser leistungsfähigen Spezialschiffe.

Syke, im Februar 2009

Ulf Kaack

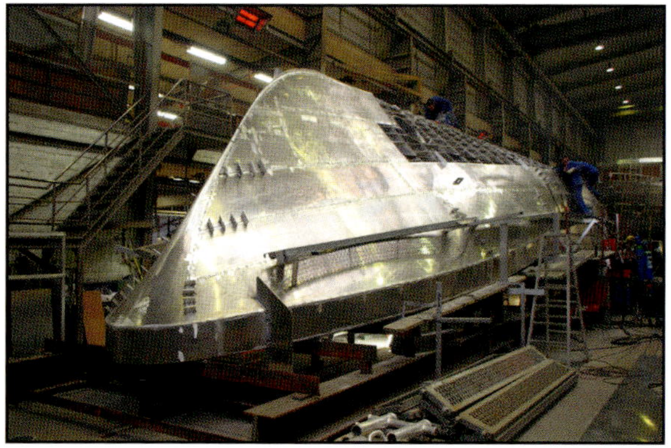

Erste Gedanken und Planungen

Die Seenotkreuzer der DGzRS sind Spezialfahrzeuge mit universellem Charakter, die eine Vielzahl von Eigenschaften und Funktionen in sich vereinigen müssen: Optimales Seegangsverhalten auch unter schwersten Wetterbedingungen, absolute Robustheit, Geschwindigkeit, eine moderne nautische, technische und rettungsdienstliche Ausrüstung sowie einen sicheren Arbeitsplatz für die Rettungsmänner an Bord. Das Grundkonzept dieses Schifftyps hat sich in der Vergangenheit äußerst gut bewährt.

Im Sommer 2003 begann die Planung für eine neue Seenotkreuzerserie, die 20-Meter-Klasse der DGzRS. Diese SAR-Fahrzeuge sollen schrittweise vor allem die Einheiten der 23-Meter-Klasse ersetzen. Langfristig ist der Bau von fünf Schiffen dieses Typs geplant.

Bei Neubauten fließen stets aktuelle technische Erkenntnisse und Entwicklungen in die Konstruktionen ein. Frühzeitig werden auch die Vor- und Rettungsmänner der DGzRS, die erfahrenen Praktiker, in die Planung eingebunden. Deren Fachwissen findet sich vor allem in der Formgebung und der Dimensionierung des Rumpfes wieder. Doch auch bei Fragen der Technik und der rettungsdienstlichen Ausrüstung legt man Wert auf ihre Meinung.

Die Seenotkreuzer der 19-Meter-Klasse (OTTO SCHÜLKE, H.J. KRATSCKE, HANS LÜKEN und G. KUCHENBECKER) genießen bei den Rettungsmännern der DGzRS bis heute einen legendären Ruf, was die Seegangs- und Manövriereigenschaften gerade in Schwerwettersituationen angeht. Die Länge des Schiffskörpers ist ideal für die vorherrschenden Wellenfrequenzen in der Nord- und Ostsee.

Mehr denn je stehen ökonomische Aspekte im Fokus der Planungen. So wird eine weitere Eigenschaft der 19-Meter-Klasse übernommen: der Schiffsbetrieb mit einer Personalstärke von nur drei Besatzungsmitgliedern. So wie bei den 1969 gebauten Einheiten wird auch der neue Seenotkreuzer über einen Antrieb verfügen, der nicht ständig durch einen Maschinisten überwacht werden muss. Andere Vorgängereinheiten erforderten deshalb eine Besatzung von vier Mann. Im laufenden Betrieb werden somit 25 Prozent der Personalkosten eingespart.

Eine weitere Neuheit: Erstmals wird ein Seenotkreuzer der DGzRS nicht als Wohnschiff gebaut.

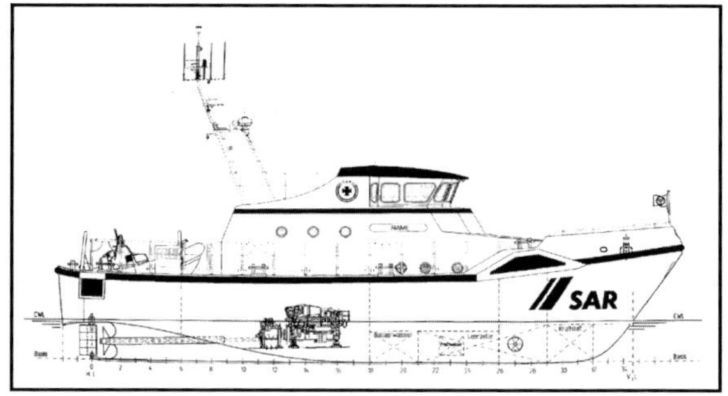

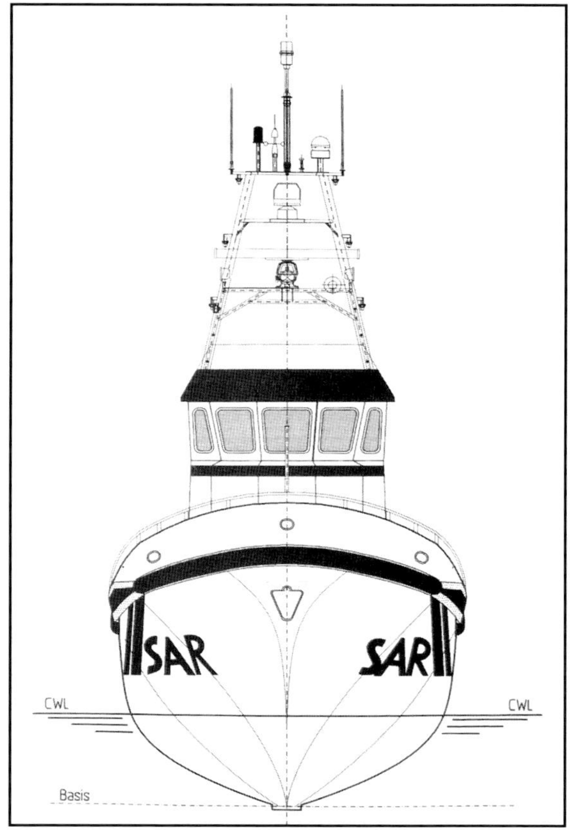

v.l.n.r.: Besprechung zwischen Planern und Praktikern in der Schiffbauhalle der Fassmer-Werft: Bodo Breuhahn und Hartmut Trademann (Vormänner von der Station Greifswalder Oie), DGzRS-Inspektor Peter Reymer und Hans-Jürgen Hansen (Erster Vormann der Station Nordstrand).

Grafische Darstellungen des neuen Seenotkreuzers in der frühen Planungsphase: Ein Designentwurf zur Gewinnung eines vorläufigen visuellen Eindruckes (oben) und ein Seitenriss mit ersten Konstruktionsmaßen (unten).

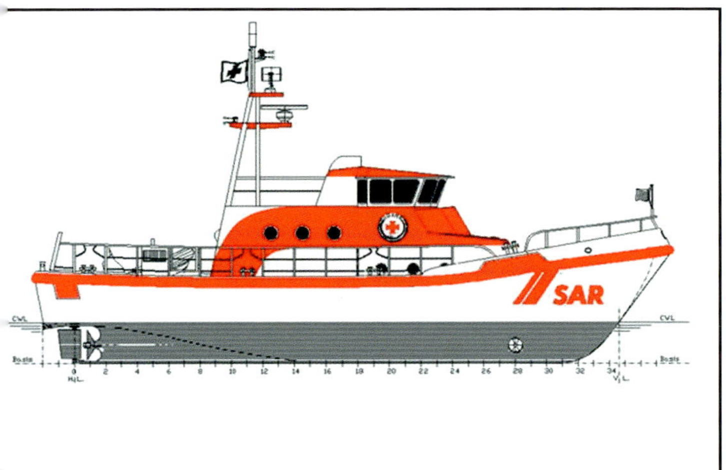

Die Besatzungen leben und schlafen zukünftig im Stationsgebäude an Land in unmittelbarer Nähe zum Liegeplatz. Dadurch werden an Bord Platz für Kammern sowie Teile der Messe, Pantry und des Sanitärbereiches gespart: Das Schneckenhaus bleibt an Land! Unter dem Strich kann so die Rumpfdimension deutlich kleiner ausfallen – und damit kostengünstiger gebaut werden. Trotzdem ergibt sich ein Raumgewinn durch den Wegfall des Kammerbereichs, auch wenn eine „erweiterte Campingausrüstung" für Zeiten außerhalb des Stationshafens vorhanden ist.

Mit einem Ticfgang von nur 1,30 Metern können die neuen Seenotkreuzer auch in Flachwasserbereichen operieren, die bisher nur mit den Tochterbooten befahrbar waren. Darum werden sie in Zukunft nur über ein schnelles, äußerst flachgehendes Festrumpfschlauchboot verfügen. Im Sprachgebrauch der Seenotretter wird es als Arbeits-Tochterboot bezeichnet.

Nach langen Überlegungen und Diskussionen wurden die konzeptionellen Eckpunkte für den neuen Seenotkreuzertyp als Grundlage für die weitere Planung festgelegt.

Beibehaltung der klassischen Merkmale der Seenotkreuzer:

- Netzspantenbauweise
- turmartiger Aufbau in der Mitte des Schiffskörpers
- Tochter- bzw. Arbeits-Tochterboot
- Feuerlöscheinrichtung
- Schleppfähigkeit
- Bordhospital
- hohe Geschwindigkeit bei optimalem Seegangsverhalten
- uneingeschränkte Schwerwetter-tauglichkeit
- geringst möglicher Tiefgang

Neue Merkmale:

- Schiffsbetrieb mit drei Mann Besatzung
- keine Nutzung als Wohnschiff
- Festrumpfschlauchboot als Arbeits-Tochterboot aus modifizierter Serienfertigung mit Jet-Antrieb

Ein detailliertes Lastenheft ging im Rahmen der Ausschreibung der DGzRS an verschiedene Werften. Den Zuschlag für den Bau der ersten beiden Seenotkreuzer der neuen Klasse erhielt die Werft Fr. Fassmer GmbH & Co. KG im niedersächsischen Berne-Motzen an der Unterweser. Bis zu ihrer Taufe werden sie die DGzRS-internen Bezeichnungen SK 30 und SK 31 führen.

Stationierung und Einsatzgebiet

Zwei Seenotkreuzer des neuen Typs, so der Beschluss des DGzRS-Vorstandes, sollen in der ersten Phase gebaut werden. Zur Ausmusterung stehen im Gegenzug die 1980 bzw. 1981 in Dienst gestellten Einheiten EISWETTE von der Station Amrum und die FRITZ BEHRENS von der Greifswalder Oie an. Fünf weitere Seenotkreuzer dieser 23-Meter-Klasse wurden 1985 bzw. 1990/91 gebaut und verbleiben entsprechend länger im Rettungsdienst.

Voraussetzung, in welchen Revieren und auf welchen Stationen die neuen Einheiten zum Einsatz kommen könnten, war die Möglichkeit, die Besatzungen an Land unterzubringen. Das warf einige grundsätzliche Fragen auf: Ist ein Stationsgebäude in unmittelbarer Nähe zum Liegeplatz vorhanden? Wie sind die Eigentumsverhältnisse? Ist eine wohnwirtschaftliche Nutzung juristisch machbar? Ermöglichen Architektur und Infrastruktur der Immobilien die notwendigen Umbauarbeiten?

Nach Bereisungen, Gesprächen mit Behörden, Hafenbetreibern und Besatzungsmitgliedern kam man bei der DGzRS zu dem Entschluss, SK 30 in der Nordsee auf der Halbinsel Nordstrand zu stationieren.

Das rund drei Monate später zur Ablieferung anstehende Schwesterschiff SK 31 kommt in der Ostsee, von der Station Greifswalder Oie aus, zum Einsatz. Für die Be-

oben: Das Stationsgebäude hinter dem Deich des Fährhafens Strucklahnungshörn. Es wurde 1991 errichtet und 2008 zur Wohnnutzung umgebaut.

unten: Das ehemalige Leutnantsgebäude auf der Greifswalder Oie wurde 1994 von der DGzRS übernommen und 2008 saniert.

Mit der Indienststellung von SK 31 wurde die FRITZ BEHRENS auf der Station Greifswalder Oie abgelöst.
Bereits 1967 erhielt das Tochterboot des Seenotkreuzers PAUL DENKER den Namen EISWETTE VON 1829.

Die VORMANN LEISS wurde von Nordstrand nach Amrum in den Fährhafen Wittdün verlegt.
Die „alte" EISWETTE wurde von der DGzRS verkauft und kommt als Arbeitsschiff beim Bau von Offshore-Windparks zum Einsatz.

satzung auf der Greifswalder Oie stand ein einfacher Tausch von alt gegen neu an. Die FRITZ BEHRENS wurde über einen Schiffsmakler zum Verkauf angeboten und wird bis zur Veräußerung als Reserve-Seenotkreuzer auf verschiedenen Stationen eingesetzt.

Die bislang in Nordstrand stationierte VORMANN LEISS löste auf Amrum die EISWETTE ab. Dieser 1980 gebaute Seenotkreuzer der 23-Meter-Klasse wurde an die Reederei AG Ems verkauft und wird nach dem Umbau unter dem Namen „Emsstrom" als Offshoreversorger für Windkraftanlagen eingesetzt.

Das erst 1990 gebaute Tochterboot JAPSAND der EISWETTE wird im Laufe des Jahres 2009 auf der VORMANN LEISS zum Einsatz kommen. Die mehr als 23 Jahre alte ERIKA stellt man dann außer Dienst.

Rumpferprobung in der Praxis und in der Simulation

Als Vorbild für die Rumpfform des neuen Seenotkreuzers wurde von den Planern der DGzRS die Linienführung der 1969 gebauten 19-Meter-Klasse gewählt. Vorausschauend wurde die letzte Einheit dieser insgesamt vier Schiffe umfassenden Serie, die H.J. KRATSCHKE, nach ihrer Außerdienststellung am 23. Oktober 2003 zu umfangreichen Tests herangezogen.

Diese Versuchsfahrten führte die DGzRS im Frühjahr 2004 auf der Weser bei Lemwerder durch. Ziel war die Beantwortung der Frage, wie sich dieser für seine guten Schlechtwettereigenschaften bekannte Rumpf bei Geschwindigkeiten verhält, für die er ursprünglich nicht konstruiert war. Durch Zickzackmanöver am Ende eines jeden Laufs wurde der Seenotkreuzer aufgeschaukelt, um die dynamische Stabilität zu prüfen.

Hierzu musste der 830 PS MWM-Dieselmotor auf die dafür nötige Leistung gebracht werden - was er zum Schluss der Tests mit einem Lagerschaden quittierte.

Die Rumpfform der vier 1969 gebauten Seenotkreuzer der 19-Meter-Klasse, hier die H.J. KRATSCHKE, diente als Vorbild für die Neukonstruktion. Sie hat sich unter härtesten Seebedingungen und bei allen Geschwindigkeiten bewährt. Bei den Seenotrettern haben diese Einheiten einen legendären Ruf wegen ihrer Leistung, ihrer Unempfindlichkeit und der Sicherheit für die Besatzung.

Die vier Seenotkreuzer der 19-Meter-Klasse dienten als Vorbild:

H.J. KRATSCHKE

G. KUCHENBECKER

OTTO SCHÜLKE

HANS LÜKEN

Nach den Tests waren die Konstrukteure am Zug. Neueste schiffbauliche Erkenntnisse flossen in die Arbeit der Ingenieure ein und wurden mit den Daten der immerhin 35 Jahre alten H.J. KRATSCHKE kombiniert. Eine Zusammenfassung aus den Erfahrungen der Praktiker und dem Wissen der Techniker.

Die neue Rumpfform wurde in der Hamburgischen Schiffbau-Versuchsanstalt (HSVA) anhand eines Modells im Maßstab 1:10 überprüft und durchlief eine ganze Reihe von realitätsnahen Tests, wie zum Beispiel das Seegangsverhalten unter normalen und extremen Verhältnissen.

Die HSVA ist für den Schiffbau in Deutschland und auf internationalem Parkett eine wichtige Institution im Bereich der hydrodynamischen Forschung. Diese bereits 1913 gegründete Versuchseinrichtung verfügt über einen Schlepptank mit einer Länge von 300 Metern, einer Breite von 18 Metern und einer Wassertiefe von 6 Metern. Bis zu 13 Meter lange und 6 Tonnen schwere Modelle können hier vielfältigen Tests unterzogen werden. Ein Schleppwagen ermöglicht die Führung des Modells während der Messung. Im Seegangsversuch fährt das Boot frei und leitet über ein Kabel die Daten der Kräfte und Momente an die Messanlage weiter.

Viele Fragen können so geklärt werden: Welche Maschinenleistung wird für die geforderte Geschwindigkeit benötigt? Wie ist der Einfluss der Gewichtsverteilung? Wie ist die Zuströmung zum Propeller, wie sein Wirkungsgrad in unterschiedlichen Drehzahlbereichen? Ist der Treibstoffverbrauch optimal? Und vor allem: Kann die Form des geplanten Schiffsrumpfes noch verbessert werden?

Durch die aufwändigen und präzisen Tests bei der HSVA können Fehler im Schiffbau vermieden werden. Das spart hohe Kosten für technische Nachbesserungen eines Neubaus. Vor allem aber garantieren sie mehr Sicherheit für die Besatzung.

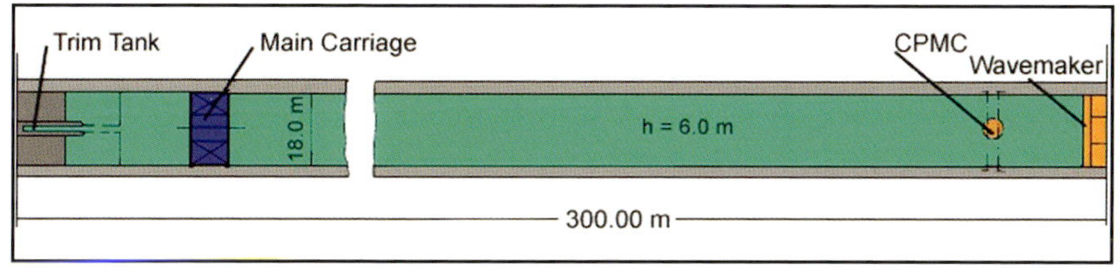

oben: Draufsicht des Schlepptanks der HSVA.

links: Das Modell eines Seenotkreuzers im Maßstab 1:10 im Schlepptank. Verschiedene Seegangssituationen und unterschiedliche Geschwindigkeiten können simuliert werden.

unten: Der Schleppstand der HSVA hat eine Länge von 300 Metern. Er wird von Schiffbauern aus aller Welt für Tests ihrer Neubauten genutzt.

Erprobung des Tochterbootes
– neue Wege mit einem bewährten Konzept

Im Frühjahr 2004 unternahm DGzRS-Projektleiter Holger Freese eine mehrtägige Dienstreise in den Westen Großbritanniens. Sein Ziel: Liverpool, gelegen an der Mündung des River Mersey an der Irischen See.

Hier befindet sich der Firmensitz von Marine Specialised Technology Limited (MST), einem Konstrukteur und Hersteller von RIBs (Rigid Inflatable Boat = Festrumpfschlauchboot). MST liefert schnelle Arbeitsboote aus glasfaserverstärktem Kunststoff und Aluminium, meist an SAR-Dienste. Angeboten werden Einheiten aus eigener Kleinserienfertigung, individuelle Konstruktionen und nach Kundenwünschen modifizierte Boote aus dem offiziellen Programm.

Das Konzept der neuen Seenotkreuzerklasse sieht für die Fahrzeuge einen äußerst geringen Tiefgang von nur 1,30 Metern vor. SK 30 und ihre Schwesterschiffe können so auch in Flachwasserbereiche vordringen, in denen bei den bisherigen DGzRS-Einheiten das Tochterboot zum Einsatz gekommen wäre. Auf ein Rettungsmittel in der bisher üblichen Form als kostenintensiver Werftbau konnte also verzichtet werden, zumal sich ein Tochterboot mit der Möglichkeit von Krankentransporten auf einem Stretcher, einer speziellen Krankentrage, aus

Die Erprobung des Arbeits-Tochterbootes begann 2004 nach gemeinsamen Planungen des britischen Herstellers und den Seenotrettern. Im Bild die RESCUE II, später auf den Namen NOVIZE getauft.

Größengründen nicht verwirklichen ließ. Stattdessen entschieden sich die Seenotretter, bei den Einheiten der 20-Meter-Klasse ein spezielles Festrumpfschlauchboot der Spezialisten von MST einzusetzen.

Das von den Briten produzierte RIB vom Typ 480 eignet sich in seiner Grundform ideal für den Einsatz als Arbeits-Tochterboot auf den neuen Seenotkreuzern. Es ist 4,80 Meter lang, 2,00 Meter breit und hat einen Tiefgang von lediglich 0,40 Metern. MST bietet es für den Betrieb mit Außenbordmotoren, als Diesel-Innenborder mit Propeller und als Diesel-Water-Jet an.

In Liverpool sprach Holger Freese mit den Konstrukteuren seines britischen Geschäftpartners. Eine Frage war, ob die Rumpfform zu dem Tochterboot-Aufholsystem der DGzRS passte. So wurde das Kuppelsystem am Schlitten in der Bremer Reparaturwerft der Seenotretter neu gestaltet. Der Aufnahmemechanismus für den Aufholschlitten musste stabil in den Bootsrumpf integriert werden. Das gesamte Arrangement wurde provisorisch auf dem Seenotkreuzer VORMANN JANTZEN installiert und getestet, wobei sich die neue Konstruktion als funktionssicher und robust erwies.

Die robuste Arretierungsmechanik des Aufholsystems.

unten: Aufslippen des Arbeits-Tochterbootes in der frühen Testphase.

Beim Antrieb entschieden sich die Seenotretter für einen Alamarin-Jet. Bei diesem System saugt ein von dem Dieselmotor angetriebener Impeller im Rumpfbereich Wasser an und stößt es stark beschleunigt über eine bewegliche Düse am Heck wieder aus. Lenkt man den Wasserstrahl mit Hilfe der Düse nach backbord, steuert auch das Boot dorthin – nach Steuerbord entsprechend in Fahrtrichtung nach rechts (Vektorsteuerung). Bei Fahrtrichtung achteraus wird eine Umkehrklappe im Schubstrahl positioniert, die ihn schräg nach unten ablenkt. Die Maschine, ein schnelllaufender Steyr-Turbodiesel-Reihenmotor mit 4 Zylindern und einem Hubraum von 2,1 Litern, leistet 163 PS und ermöglicht damit eine maximale Geschwindigkeit von 34 Knoten.

Und das wohl wichtigste Kriterium: Da sich die Düse am Heck deutlich oberhalb des Kiels befindet, ist ein reibungsloses Aufslippen in die Heckwanne des Seenotkreuzers ohne Beschädigungen am Jet möglich.

Durch eine aufblasbare Wiederaufrichthilfe ist das RIB in der Lage, nach dem Kentern automatisch zurück in die Waagerechte zu gelangen. Es verfügt über eine medizinische Erstversorgungsausrüstung, eine Schleppvorrichtung sowie alle erforderlichen Navigations- und Kommunikationsgeräte. Während eines Einsatzes wird es üblicherweise mit zwei Mann Besatzung gefahren.

Im Dezember 2005 wurde das entsprechend der Vorgaben von Holger Freese gestaltete RIB als Prototyp von den

Holger Freese und Fassmer-Vorarbeiter Frank Taborsky werfen prüfende Blicke auf den Jet-Antrieb.

Briten geliefert. Es folgten umfangreiche Praxistests auf der Weser. In der Werfthalle bei der DGzRS-Zentrale in Bremen entstand ein Modell der Aufholanlage, mit dem der Slipvorgang getestet wurde.

Im Detail mussten noch einige Veränderungen und Modifikationen an dem RIB Typ 480 – RESCUE I lautet die interne Bezeichnung bei den Seenotrettern – vorgenommen werden. Nach Abschluss dieser Feinarbeiten entsprachen Boot und Aufholmechanik allen Anforderungen, die die Seenotretter im Lastenheft formuliert hatten.

oben: RESCUE II, später auf den Namen NOVIZE getauft, auf dem Gelände der Fassmer-Werft.
unten: Erprobung des Kletternetzes für die Personenbergung mit RESCUE I.
unten rechts: Schnell und wendig durch hohe Motorenleistung und den Alamarin-Jet.

Die Bauwerft – Fr. Fassmer GmbH & Co. KG

Mitentwickelt und gebaut wurden SK 30 und ihr Schwesterschiff SK 31 nach einer Ausschreibung von der Fassmer-Werft, einem Schiffbauunternehmen, mit dem die Seenotretter seit vielen Jahren erfolgreich zusammenarbeiten. Hier entstand 2003 der größte Seenotkreuzer der DGzRS, die auf Helgoland stationierte HERMANN MARWEDE.

Die Werft baute zwischen 1987 und 1994 insgesamt 17 Einheiten der bewährten 8,5-Meter-Klasse (ASMUS BREMER, CASSEN KNIGGE, STRALSUND ...), außerdem 1993 die vier in Mecklenburg-Vorpommern stationierten Boddenboote BARSCH, BUTT, HECHT und ZANDER mit Jet-Antrieb. Für die Seenotkreuzer der 27-Meter-Klasse (ALFRIED KRUPP, VORMANN STEFFENS, ARKONA und BREMEN) entstanden bei Fassmer von 1988 bis 1993 vier nahezu baugleiche Tochterboote. In den Jahren 2005 und 2006 lieferten die Schiffbauer aus Berne-Motzen vier Seenotrettungsboote der 10,1-Meter-Klasse (HORST HEINER KNETEN, KURT HOFFMANN, NAUSIKAA und KONRAD-OTTO) an den deutschen SAR-Dienst.

Gegründet wurde die Werft im Jahr 1850 von Johannes Fassmer. Bis 1940 widmete man sich ausschließlich dem traditionellen Bootsbau aus Holz, bevor erstmals Stahl verwendet wurde. Nach dem Zweiten Weltkrieg

rechte Seite: Seit Jahrzehnten ist die Fassmer-Werft Geschäftspartner der DGzRS bei Neubauprojekten sowie Reparatur- und Wartungsarbeiten an ihren Einheiten. Im Vordergrund der in Großenbrode stationierte Seenotkreuzer der 44-Meter-Klasse JOHN T. ESSBERGER, dahinter SK 30.

Das Betriebsgelände der Fr. Fassmer GmbH & Co. KG in Berne-Motzen am Westufer der Unterweser.

FASSMER
FASSMER
JOHN T. ESSBERGER

nahm das Unternehmen schnell an Größe zu, entwickelte neue Fertigungstechniken und Produkte. Neue Märkte konnten erschlossen werden. Auch international gewann der Name Fassmer schnell an Renommee, etablierte sich vor allem im Bau von Spezialschiffen.

Heute wird das traditionsreiche Familienunternehmen in fünfter Generation von den Brüdern Holger und Harald Fassmer geführt. Es beschäftigt in Deutschland rund 400 und weltweit bereits 900 Mitarbeiter. Sitz der Unternehmung ist das niedersächsische Berne-Motzen an der Unterweser. Weitere Produktionsstätten befinden sich in Rechlin an der Müritz, in Polen und in China. Neben dem Schiffbau ist die Fr. Fassmer GmbH & Co. KG auch in den Geschäftsbereichen Rettungsbootbau, Anlagenbau und Faserverbundtechnik engagiert. Außerdem ist sie Zulieferer für Hersteller von Windenergieanlagen.

Werftchef Harald Fassmer (Mitte) mit Christel Vinnen (links) und Gerhard Harder vom DGzRS-Vorstand am 22. November 2008 bei der offiziellen Übergabe der EISWETTE an die Seenotretter, die Auftraggeber und neuen Eigentümer.

DGzRS-Neubauten durch die Fassmer-Werft:
Insgesamt 17 Seenotrettungsboote der 8,5-Meter-Klasse.
Die Boddenboote BARSCH, BUTT, HECHT und ZANDER.

Vier Tochterboote für verschiedene Seenotkreuzer der 27-Meter-Klasse.
Die vier Seenotrettungsboote der 10,1-Meter-Klasse HORST HEINER KNETEN, KURT HOFFMANN, NAUSIKAA und KONRAD-OTTO.

Ebenfalls ein Fassmer-Bau. Der größte und modernste Seenotkreuzer der DGzRS, die auf Helgoland stationierte HERMANN MARWEDE.

Mock-Up
Planung der Brücke im Maßstab 1 : 1

Der Begriff Mock-Up stammt ursprünglich aus der Luftfahrtindustrie und bedeutet im Englischen Attrappe oder auch Vorführmodell. Für den Schiffbauer verbirgt sich hinter dieser Vokabel das maßstabsgetreue Modell eines Schiffes oder Teilen davon.

Am 15. Mai 2007, am Ende der Konstruktionsphase und rund zwei Monate vor der Kiellegung von SK 30, wurde den Vormännern und Besatzungsmitgliedern der DGzRS-Stationen von der Greifswalder Oie, von Nordstrand und der ostfriesischen Insel Norderney ein aus Sperrholz gefertigtes Modell des Deckshauses präsentiert. In der Schiffbauhalle der Fassmer-Werft erhielten sie einen plastischen, realitätsnahen Eindruck von ihrem zukünftigen Arbeitsplatz.

Vor allem aber ging es darum, im Dialog zwischen Praktikern, Technikern und Konstrukteuren die Arbeitsplätze im Bereich des geschlossenen Fahrstandes optimal zu gestalten. Fast wie in einem Flugzeugcockpit waren hier diverse Geräte, Armaturen und Bedienelemente zu platzieren.

Das Deckshaus, in Originalgröße aus Holz gefertigt, wird fachmännisch von den Praktikern begutachtet.

„Das muss alles genau durchdacht und diskutiert werden“, so Hans-Jürgen Hansen, Vormann der Station Nordstrand. „Gerade bei Einsätzen in schwerer See, wenn wir auf unseren Sitzen angeschnallt sind, muss die gesamte Peripherie uneingeschränkt bedienbar sein“.

So mutete die Szene wie ein großes 3-D-Puzzle an: Die Fronten aller Geräte, Hebel, Knöpfe etc. waren als Pappschablone nachgebildet und wurden von den Beteiligten hin- und hergeschoben. Nach mehreren Stunden hatte man alle wichtigen Entscheidungen getroffen. Der Bau des Deckshauses konnte beginnen!

Wo platzieren wir welches Gerät? Hans-Jürgen Hansen (links) und Ernst Erich Dostal (rechts), Vormänner der Station Nordstrand, im Gespräch mit Holger Freese.

Im unteren Fahrstand sind die Platzierungen für den geplanten Einbau von Geräten und Bedienelementen mit Papierbögen markiert.

24. Juli 2007, Schiffbauhalle der Fassmer-Werft: Umringt von zahlreichen Journalisten nimmt DGzRS-Geschäftsführer Udo Helge Fox die symbolische Kiellegung von SK 30 vor. Gemeinsam mit einem Werftmitarbeiter legt er eine Cent-Münze in die Kielkonstruktion, die anschließend unter einem Stück Leichtmetall eingeschweißt wird - eine schiffbauliche Tradition.

Vorab ein Blick zurück: Die Konstruktion des Seenotkreuzers entstand mit Hilfe eines 3D-CAD-Programms, das die Objekte in drei Achsen darstellen kann. Die Daten für Einzelteile wurden in dem Spezialbetrieb Gaastmer in den Niederlanden auf einen Plasmabrenner übertragen, der aus großen, 3,5 bis 25 Millimeter dicken Aluminiumplatten die Teile herausbrannte. Seit dem Bau der PAUL DENKER im Jahr 1967 werden alle Seenotkreuzer der DGzRS komplett aus seewasserbeständigem Leichtmetall (AlMg4,5MnW28) hergestellt.

Die 1967 gebaute PAUL DENKER war der erste komplett aus Aluminium gefertigte Seenotkreuzer der DGzRS. Sie steht heute als Großexponat im Innenhof des Focke-Museums in Bremen-Schwachhausen.

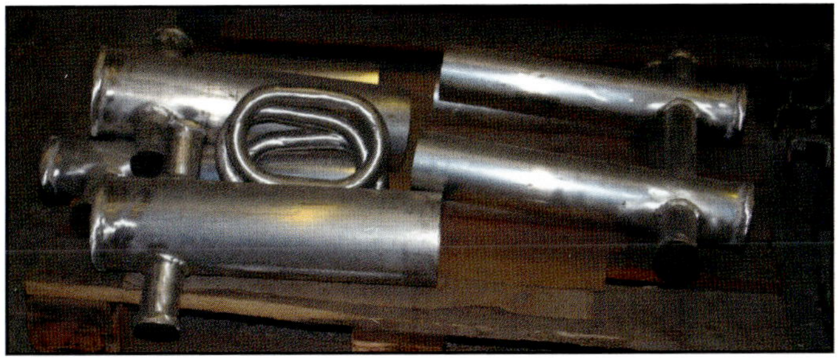
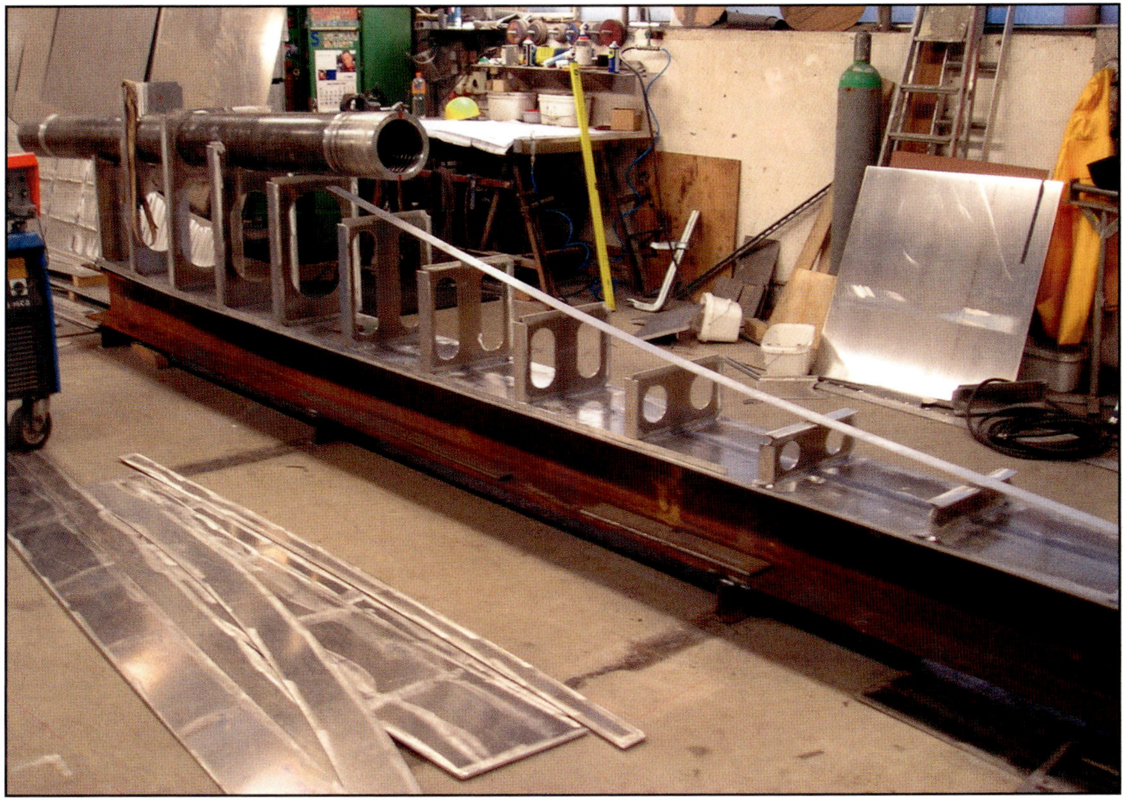

Mehrere LKW-Ladungen Einzelteile wurden bei der Fassmer-Werft angeliefert und von den Mitarbeitern zusammengeschweißt. Dies geschah in der ersten Bauphase über Kopf – auf dem Deck liegend mit dem Kiel nach oben. Rund acht Tonnen der Alu-Legierung wurden verbaut.

Wie alle Seenotkreuzer der DGzRS werden auch die Einheiten der 20-Meter-Klasse als Netzspantenfachwerk gebaut. Diese Konstruktionsart verleiht den Rümpfen außerordentliche Stabilität und hohe Festigkeit. Der Vergleich mit einer überdimensionalen Bienenwabe ist durchaus zulässig. Längs- und Querspanten bilden ein engmaschiges Gitter, auf das die Außenhaut des Rumpfes, vom Schiffbauer Beplattung genannt, aufgebracht wird.

Parallel zum Rumpf entstand bei der Deters Yacht- und Bootswerft GmbH in Berne, einem nur 400 Meter von der Fassmer-Werft entfernt gelegenen Fachbetrieb für Schiffbau, das Aluminium-Deckshaus. In dieser

oben links: Wie in einem überdimensionierten Metallbaukasten werden die von computergesteuerten Plasmabrennern vorgefertigten Teile angeliefert.
oben rechts: Poller und Klampen sind bereits fertiggestellt.
unten: Der Kiel mit dem Stevenrohr zur Aufnahme der Antriebswelle zum Propeller.

Schiffsektion werden sich nach dem Innenausbau und der Ausrüstung der geschlossene und der offene Fahrstand befinden. Außerdem bildet sie das Fundament für den Mast.

Rund sechs Monate nach der Kiellegung, am 5. Februar 2008, ist der Rohbau des Rumpfes von SK 30 fertiggestellt. Im vorderen Bereich des Unterwasserschiffes sind die runden Öffnungen zur Aufnahme des Bugstrahlruders zu sehen, an Deck bereits Poller durchgesteckt und mit dem Spantgerüst verschweißt. Achtern wurden die Heckklappe, das Stevenrohr sowie der Ruderkoker montiert. Der neue Seenotkreuzer ist bereit, um 180 Grad um seine Längsachse gedreht zu werden.

Als Befestigung für die Hebegurte der beiden zum Einsatz kommenden Kräne wurden zwei Hebeaugen an die Steuerbordseite des Rumpfes geschweißt. Auf ihnen lastet jetzt, wo die Kranführer SK 30 langsam anheben, ein Gewicht von rund acht Tonnen. Ganz sachte, scheinbar wie von unsichtbarer Hand bewegt, dreht sich der silbergraue Alurumpf mit seinem Deck in Richtung Hallendecke. Nach einer knappen halben Stunde liegt der Seenotkreuzer auf ebenem Kiel.

Am 8. April 2008 wird das Deckshaus, wiederum in einer beeindruckenden Kranaktion, auf das Deck gehievt. Bereits zuvor erfolgte die Montage des Schanzkleides, des Ankerspills und der Heckwanne zur Aufnahme des Arbeits-Tochterbootes. Nun kann der Innenausbau beginnen.

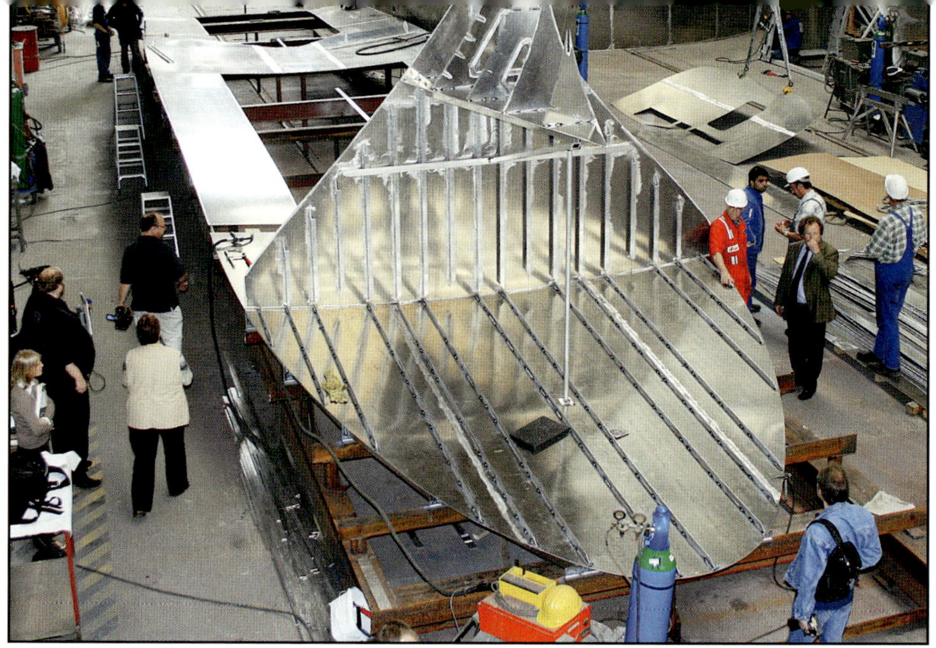

oben: Kiellegung von SK 30 am 5. Februar 2008.
unten: Schweißarbeiten am Netzspantengerüst mittschiffs.
rechte Seite: Die engmaschig im Schutzgas-Schweißverfahren miteinander verbundenen Längs- und Querspanten verleihen dem Rumpf hohe Festigkeit.

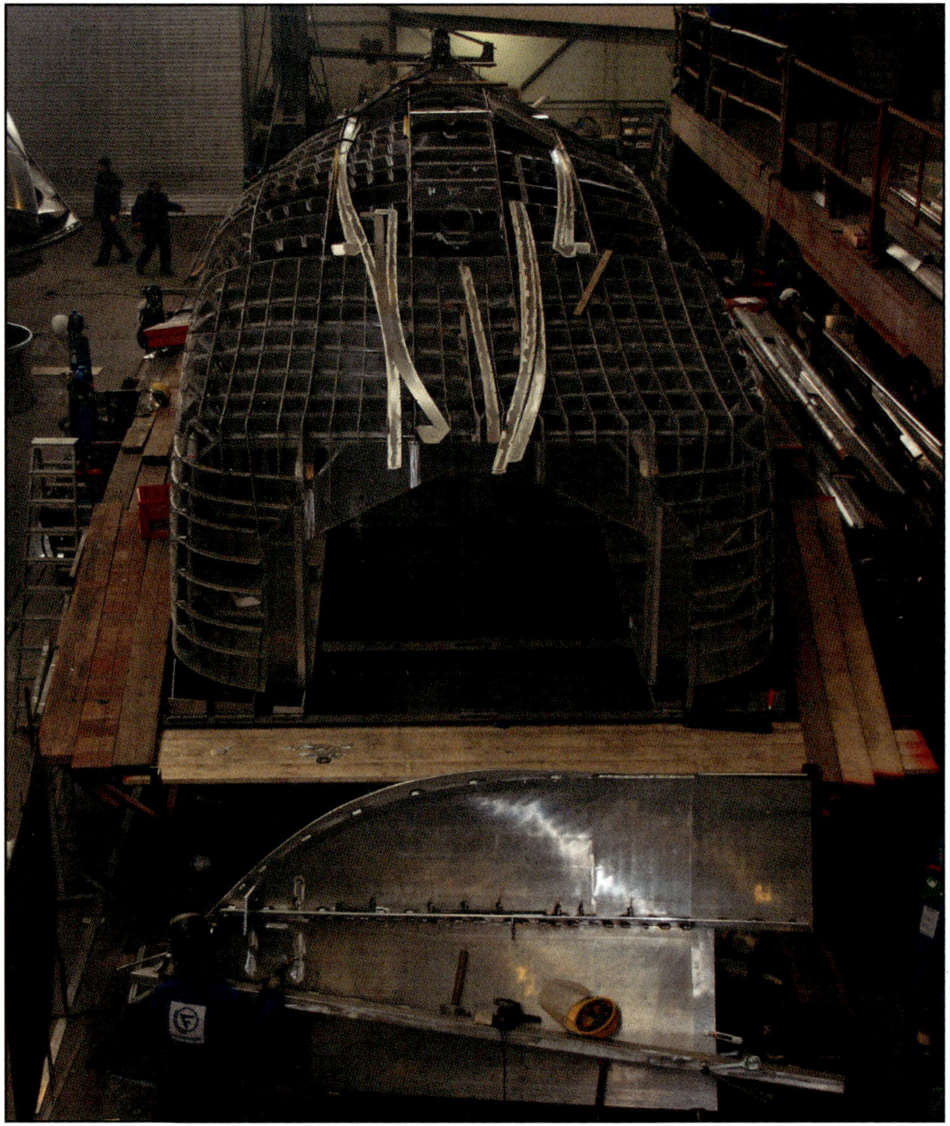

oben: Heckansicht von SK 30.

links: Im Vordergrund ist der untere Bereich des bereits fertig beplatteten Vorschiffes zu sehen.

unten: Der Rohbau des Rumpfes wächst.

Für die weiteren Arbeiten, den Rumpfaufbau und den umfangreichen Innenausbau, wird SK 30 um 180 Grad um seine Längsachse gedreht.

Dieser mit zwei Kranen durchgeführte Vorgang erfordert eine Menge Sachverstand und Fingerspitzengefühl ...

Der eigentliche Drehvorgang ist nach wenigen Minuten abgeschlossen ...

... und der Schiffskörper liegt auf ebenem Kiel.

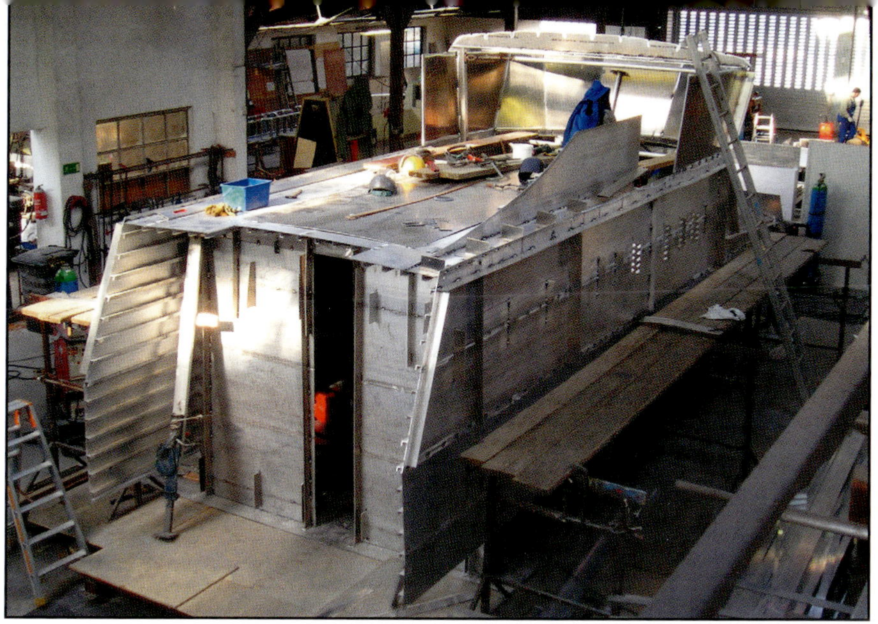

Der Aufbau im Rohbau.

Hier wird später die Messe für die Besatzung entstehen.

Das aus Aluminium gefertigte Deckshaus.

Der Rumpf steht bereit für das Aufbringen des Deckshauses.

SK 30 ist für den Innenausbau und die Malerarbeiten eingerüstet.

Auch die Arbeiten am Schwesterschiff SK 31 machen Fortschritte.

Vormann Hartmut Trademann, Holger Freese und DGzRS-Geschäftsführer Udo Helge Fox begutachten das Unterwasserschiff von SK 31 am Heck.

Der filigrane Mast ist montiert.

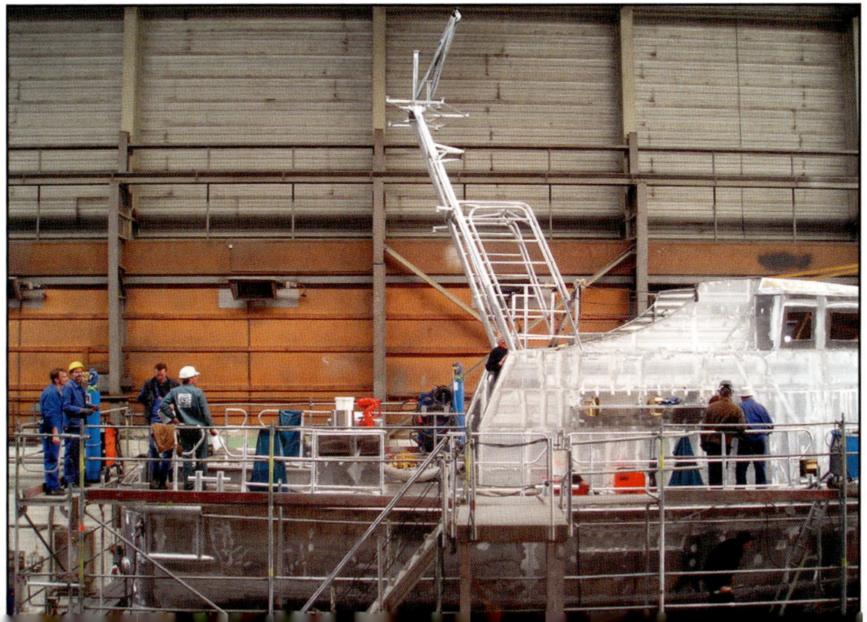

Werftarbeiter verschweißen ein Schott mit dem Deck.

Leitungen und Rohre werden nach den Bauplänen installiert.

Noch ist der Maschinenraum von SK 31 leer.

Die Heckklappe kurz vor ihrer Fertigstellung.

Arbeiten am Hauptmaschinen- und Getriebefundament.

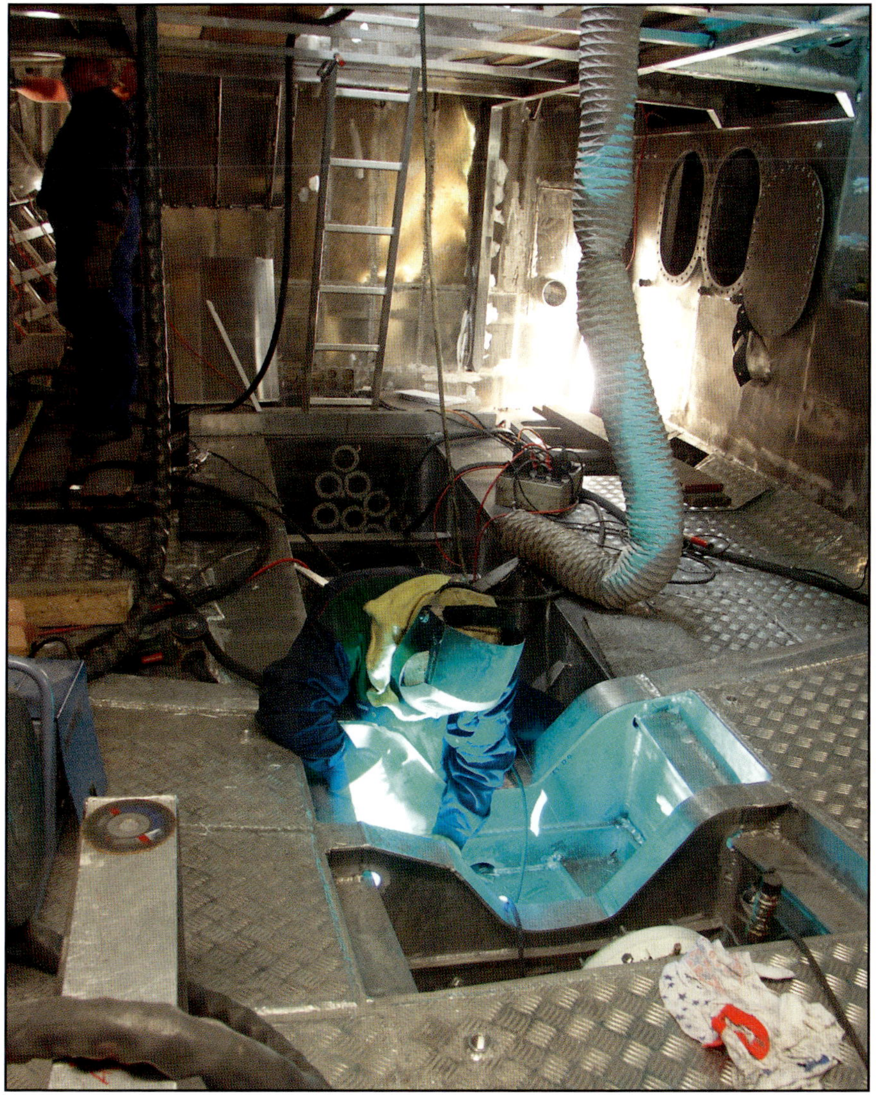

Die Heckwanne zur Aufnahme des Arbeits-Tochterbootes im Rohbau.

Die Hauptmaschine auf dem Motorenprüfstand von ZEPPELIN POWER SYSTEMS im niedersächsischen Achim. Das Dieselaggregat durchläuft den Test.

Montage der Antriebstechnik

Beim Hauptantrieb für SK 30 und SK 31 haben sich die Planer der DGzRS für eine Maschine des amerikanischen Herstellers Caterpillar Inc. entschieden. Das in Peoria im Bundesstaat Illinois beheimatete Unternehmen gilt weltweit als der größte Produzent von schnell- und mittelschnelllaufenden Diesel- und Gasmotoren. 1999 übernahm der US-Konzern mit dem Kauf des in Kiel ansässigen Motorenherstellers MaK aus dem Krupp-Konzern eine Produktionsstätte in Deutschland.

Die Wahl fiel auf den Caterpillar CAT C-32 V 12. Aus 32 Litern Hubraum, verteilt auf zwölf in V-Form angeordnete Zylinder, schöpft das kompakte Kraftpaket 1675 PS. Ob diese Leistung für die berechnete Höchstgeschwindigkeit von 22 Knoten ausreichend ist, wird sich später bei den Tests auf See zeigen. Der schnelllaufende Dieselmotor hat zwei Turbolader, einen Ladeluftkühler und die Pumpe-Düse-Technik. Neben den Leistungsmerkmalen und einem vergleichsweise simplen und robusten Aufbau soll sich das Aggregat vor allem durch seine Zuverlässigkeit, Wirtschaftlichkeit und seine niedrigen Abgasemissionen auszeichnen.

Bevor das kräftige Herz des neuen Seenotkreuzers tief unten im Rumpf von SK 30 auf seinen

Fundamenten montiert werden konnte, musste es zunächst seine Leistungsfähigkeit und Standfestigkeit unter Beweis stellen. Bei der Firma ZEPPELIN POWER SYSTEMS im niedersächsischen Achim, einem Service- und Vertriebspartner Caterpillars vor den Toren Bremens, durchlief das Aggregat Ende Februar 2008 ein umfangreiches Testprogramm im Dauerbetrieb und in der Leistungsspitze.

Auf einem Motorenprüfstand wurden verschiedene Betriebs- und Belastungszustände nach einer Checkliste abgearbeitet. Eine Vielzahl von Sensoren und Messgeräten dokumentierten die Daten wie z. B. Temperatur, Drehzahl, Druck, Spannung, Kraftstoffverbrauch und Emissionen. Motorenspezialisten analysierten und bewerteten sie.

Ortswechsel: Zur gleichen Zeit begannen die Mitarbeiter der Fassmer-Werft mit den Vorbereitungen zum Einbau der Antriebseinheiten. Hier war äußerste Präzision gefragt: Die Montage zahlreicher Rohr- und Hydraulikzuleitungen sowie der Daten- und Elektronikkomponenten für die zu installierende Motorentechnik war für die Techniker eine Herausforderung. Teilweise waren Toleranzen im Bereich von hundertstel Millimetern einzuhalten, ebenso fein definierte Neigungswinkel, Drehmomente etc.

Sämtliche Messdaten werden von der Diagnoseeinheit aufgezeichnet und dokumentiert.

Umfangreiche Messtechnik ist an den Turbodiesel angeschlossen.

Im nächsten Arbeitsschritt erfolgte der Einbau der Antriebswelle, die später in zwei hydrostatischen Mehrstoff-Gleitlagern rotieren wird. Im Maschinenraum wird sie an das zuvor montierte Zweigang-Schiffswendegetriebe vom Typ Reintjes ZWVS 440 geflanscht.

Zweiganggetriebe sind in Schiffen selten. Hier dient es dazu, die volle Motorleistung zum Schleppen nutzbar zu machen, da der Motor auch dann seine Nenndrehzahl erreichen kann. Eine weitere Spezialität ist die Ausrüstung des Getriebes mit einem sogenannten PTI-Flansch (Power take in), um zusätzlich die Leistung des Hilfsantriebs aufnehmen zu können. Außerdem wurden eine Schmieröl-Reservepumpe und eine Ölvorwärmung montiert.

Die fünfflügeligen Spezialpropeller von SK 30 und SK 31 bestehen aus Kohlefaser-Verbundwerkstoffen, kurz Carbon genannt. Dieser Werkstoff, er findet auch in der Raumfahrt und in der Formel 1 Verwendung, zeichnet sich durch hohe Festigkeit und Formstabilität bei geringem Gewicht aus. Der Schrauben-Durchmesser beträgt 960 Millimeter. Sollte sie durch Grundberührung beschädigt werden, so können die Flügel einzeln demontiert und ersetzt werden.

Wie die bewährten, 1969 gebauten Seenotkreuzer der 19-Meter-Klasse verfügen auch die Einheiten der neuen 20-Meter-Klasse über einen sogenannten „Vater-Sohn-Antrieb“. Als „Sohn“ fungiert ein dieselhydraulischer Hilfsantrieb mit einem Dieselmotor vom Typ Steyr MO 166 mit einer

Der fünfflügelige Carbon-Propeller wird die 1.675 PS des Motors in die Höchstgeschwindigkeit von 22 Knoten umsetzen.

Leistung von 163 PS. Er übernimmt gleich mehrere Aufgaben - treibt das Bugstrahlruder, die Feuerlöschpumpe und den Generator des bordeigenen Stromnetzes an. Für den Fall eines Ausfalles der Hauptmaschine obliegt ihm die „Take-me-home"-Funktion, indem er Leistung über den PTI-Flansch und das Getriebe auf die Antriebswelle abgibt.

Der 8. Mai 2008 ist ein besonderer Tag für alle am Bau beteiligten Planer und Mitarbeiter: Der Antriebsstrang ist komplett montiert, und der Einbau der Hauptmaschine soll erfolgen. Das auf einer stabilen Holzpalette liegende Aggregat wird von seiner Kunststoffverpackung befreit und am Hallenkran der Werft eingeschäkelt.

Mittels Knopfdruck wird die Caterpillar-Maschine in die Höhe gehoben und über den Seenotkreuzer geschwenkt. Rund drei Tonnen hängen am Haken und werden nun langsam in den Schiffsbauch abgesenkt. Feinarbeit und Augenmaß sind gefragt, denn an den Seiten ist nur sehr wenig Platz. Wie durch

Der Hilfsdiesel von SK 31 leistet 163 PS. Er dient als Motor für den Generator, die Feuerlöschpumpe, das Bugstrahlruder und den Notantrieb.

das sprichwörtliche Nadelöhr geht es abwärts durch das Deckshaus, den zukünftigen Mehrzweckraum bis hinab auf die Motorenfundamente im Maschinenraum. Nach zehn Minuten ist die Kranaktion ohne Komplikationen abgeschlossen, das Aggregat an seinem „Arbeitsplatz" positioniert.

Nach diesem schwergewichtigen Job stehen die Schiffbauer nun vor filigraneren Arbeitsschritten: Antriebswelle, Getriebe, Kupplung und Hauptmaschine müssen exakt aufeinander abgestimmt und fixiert werden. Erst wenn alle Antriebskomponenten hundertprozentig ausgerichtet sind, werden sie endgültig fest auf ihren Fundamenten befestigt.

Es folgt das Anschließen der Versorgungsleitungen für Brenn- und Schmierstoffe, Hydrauliköl, Kühlwasser, Ansaugluft und Abgase. Auch die elektronischen Verbindungen für die Steuerung des Motormanagements werden installiert. Zahlreiche Funktionsüberprüfungen, Messreihen und Maßnahmen zur Feinabstimmung der einzelnen Komponenten schließen diesen Bauabschnitt an dem neuen Seenotkreuzer ab.

Das Getriebe in seiner Transportverpackung. Holger Freese entfernt die Schutzfolie.

Drei Tonnen „Schwermetall“ schweben am Haken des Werftkrans unter der Decke der Schiffbauhalle.

Durch das Deckshaus wird der Motor in den „Keller“ abgesenkt.

Von starken Ketten getragen, geht es abwärts ...

... durch das spätere Bordhospital in den Maschinenraum.

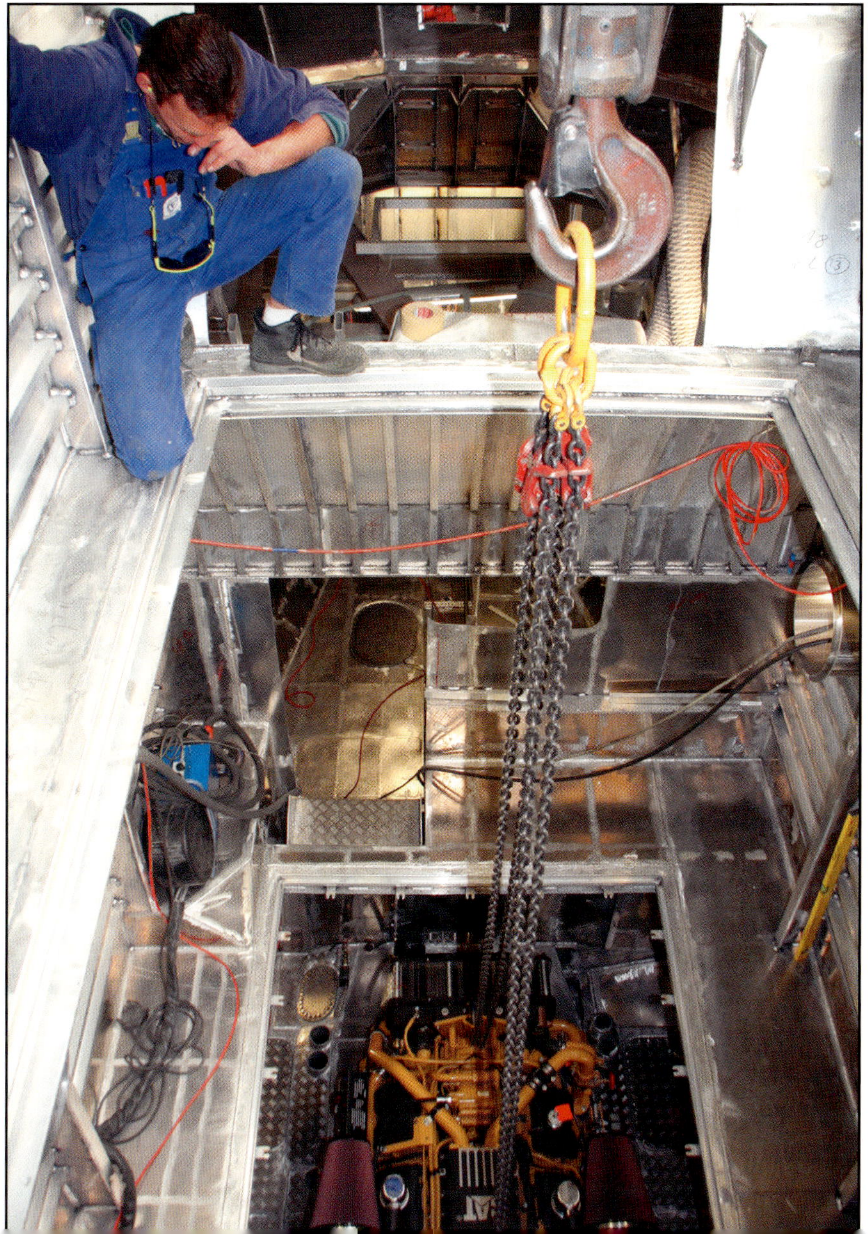

rechte Seite: Blick in den Maschinenraum des SK 30 nach der Indienststellung.

rechts: Passt genau! Die Hauptmaschine ist positioniert.

Millimeterarbeit: Exakt muss der Motor in sein Fundament eingepasst und an das Getriebe angeflanscht werden.

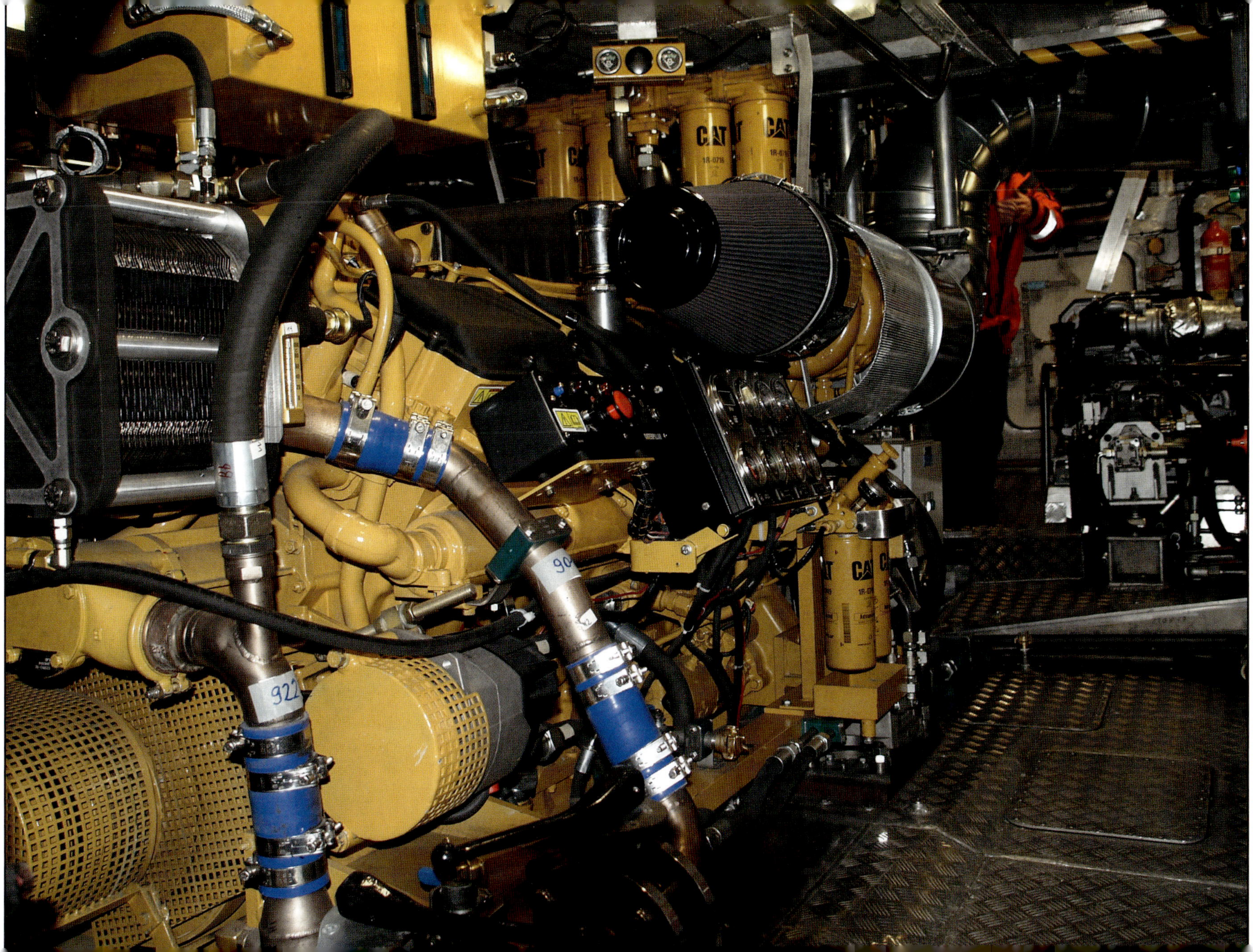
CAT

Unverkennbar: Von außen betrachtet sieht SK 30 bereits wie ein echter Seenotkreuzer aus. Der noch fehlende Farbauftrag gibt ihm das Erscheinungsbild eines riesigen Silberfisches. Doch Optik und Kosmetik sind in dieser Phase im Mai 2008 zweitrangig. Die Schiffbauer der Fassmer-Werft widmen sich in den kommenden Wochen dem Innenausbau von SK 30. Auf der benachbarten Helling wächst hingegen der Rumpf von SK 31 Stück für Stück seiner Vollendung entgegen.

Jedes einzelne Detail, jeden Arbeitsschritt hier zu beschreiben, würde den Rahmen sprengen. Aber der Vergleich mit dem Innenausbau eines Hauses ist nicht abwegig. Es werden Isolierungs- und Verschalungsarbeiten vorgenommen, kilometerweise Kabel und Leitungen gezogen, Stores und Niedergänge werden eingebaut, ebenso die Brücke, die Messe und der Sanitärbereich. Eine große Zahl verschiedener elektronischer Geräte wird installiert. In großen Schritten, wenn auch von außen kaum erkennbar, wächst der Seenotkreuzer.

Eine Innovation stellt die Bordelektronik dar und bedarf darum eines besonderen Augenmerks. Das sogenannte BUS-System ermöglicht den Austausch

Innenausbau: Leitungen und Kabelstränge hängen aus der Decke der Messe.

von Daten und der Energie für die 24-Volt-Elektrik innerhalb des Leitungssystems und den verschiedenen Steuerungskomponenten. Durch diese Technologie werden mehr als 50 Prozent der Kabelstränge gegenüber einer konventionellen Bauweise eingespart. Das vermeidet Gewicht, erhöht die Betriebssicherheit und reduziert die Installationszeit. Zudem wird der verschleißbedingte Ersatz der Kabelbäume nach rund 15 Jahren der Nutzung unter extremer Belastung in feuchter und salziger Atmosphäre beschränkt.

Doch auch im Außenbereich des Rumpfes herrscht Betriebsamkeit. SK 30 ist komplett eingerüstet und mit großflächigen Kunststoffplanen gegen Staub und Verschmutzung geschützt. Hier wird geschliffen, gestrichen und lackiert. Der Seenotkreuzer erhält seinen Anstrich in den DGzRS-typischen Farben weiß, grün, feuer- und tagesleuchtrot. Diverse Farbaufträge - inklusive Grundierung und UV-Schutzlack - sind dazu erforderlich. Dem grünen Lack auf dem Deck wird zusätzlich Quarzsand beigemischt, um einen rutschfesten Belag zu erzielen. Die Malerarbeiten dauern, auch bedingt durch die langen Trocknungsphasen, mehrere Wochen.

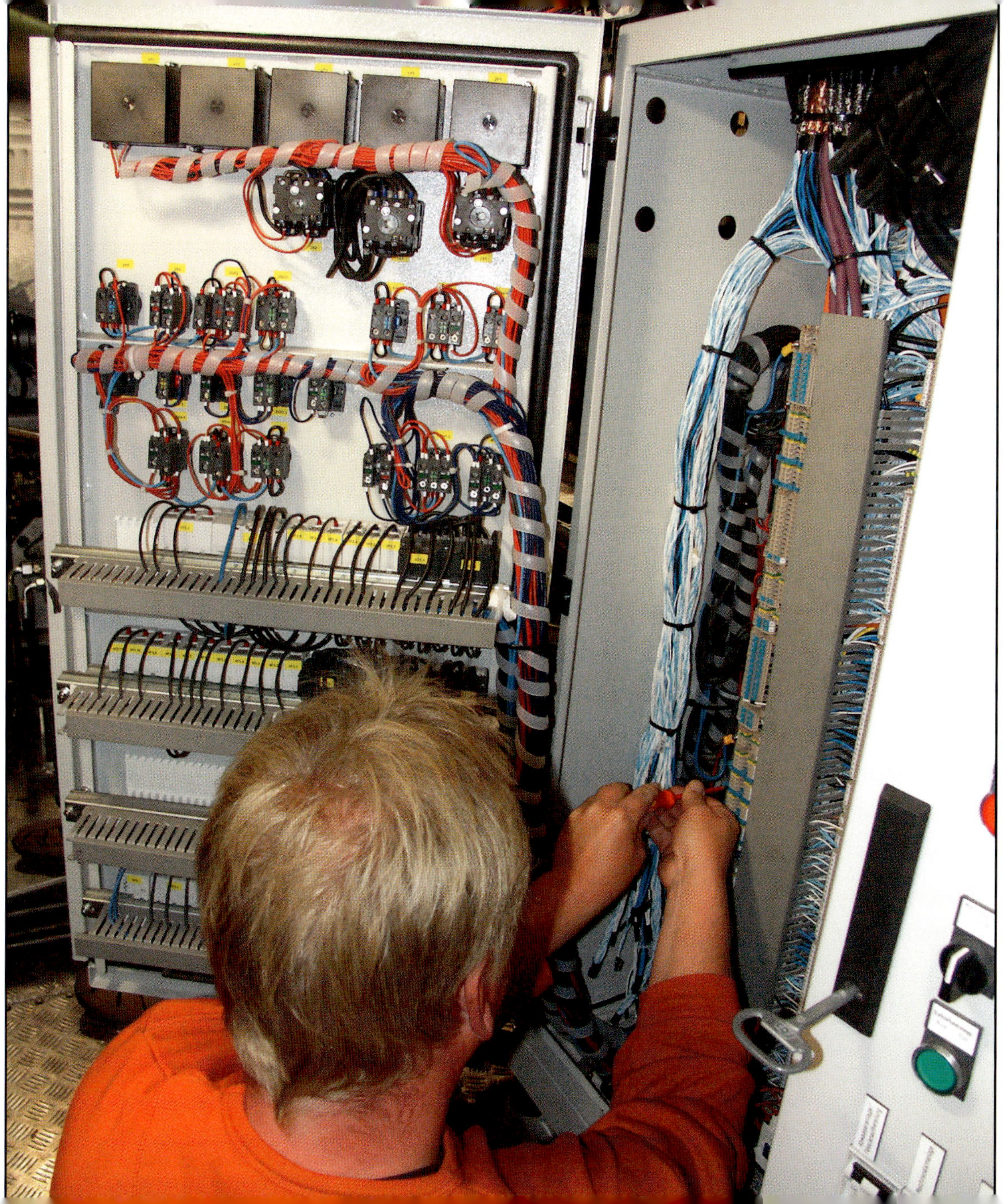

Die Installation der Kabelstränge am Hauptschaltkasten im Maschinenraum.

Auch im normalerweise nicht sichtbaren Bereich des Bedienpultes im unteren Fahrstand befindet sich geballte Elektronik. Die gesamte zur Schiffsführung notwendige Technik läuft hier zusammen.

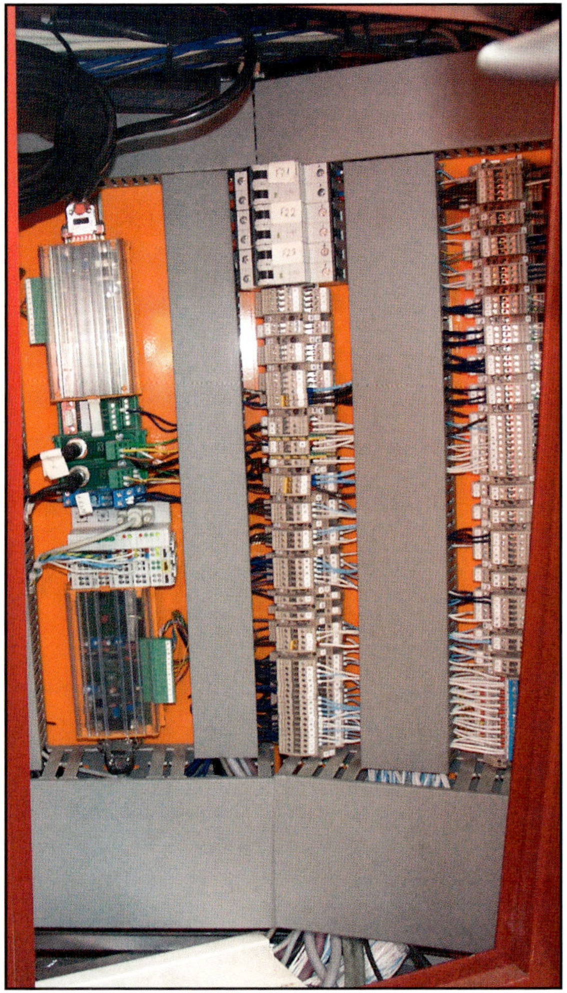

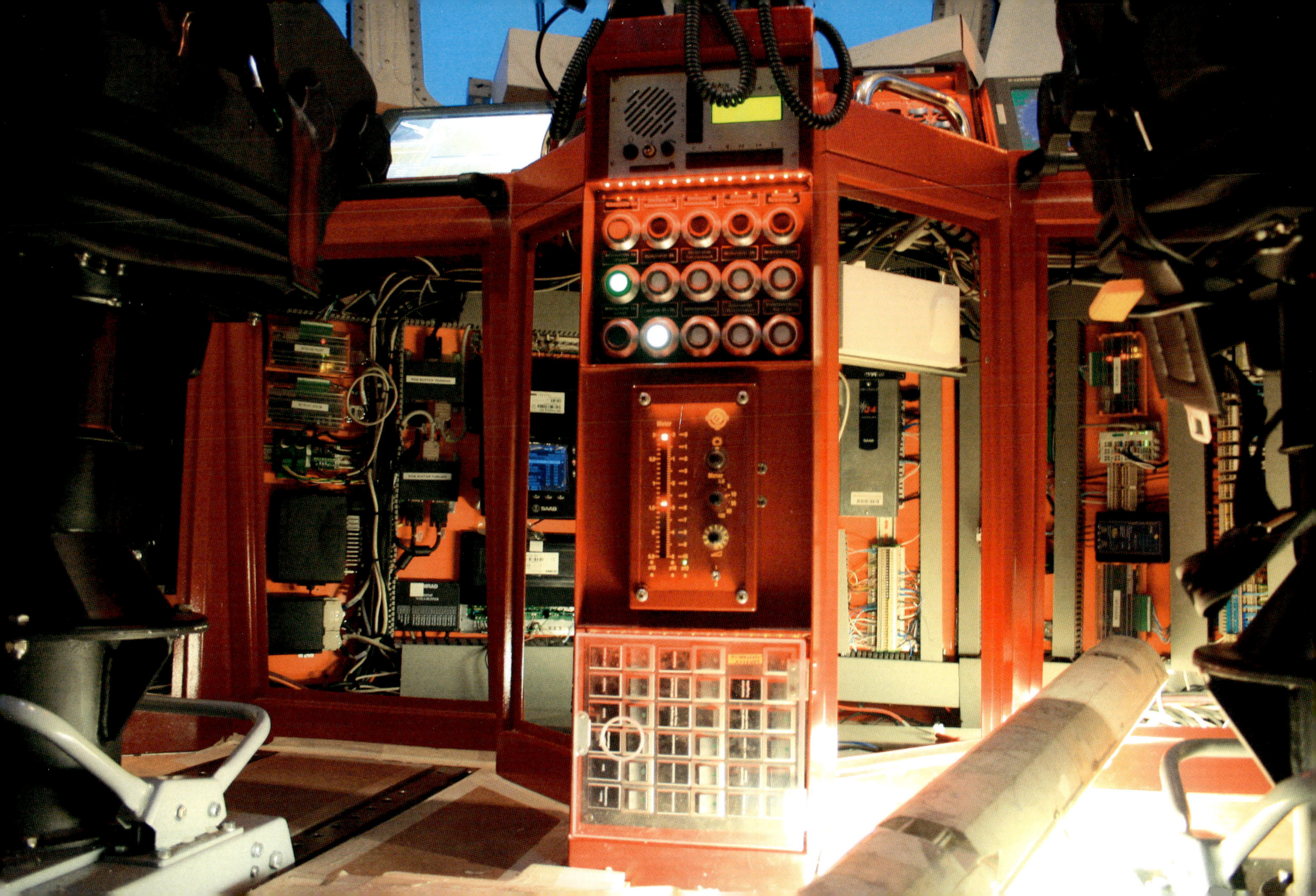

Die Bekämpfung von Schiffsbränden wird nicht zum Tagesgeschäft der Besatzungen von SK 30 und SK 31 zählen. Feuer an Bord kommt glücklicherweise im maritimen Rettungsdienst selten vor. Doch an Bord der neuen Seenotkreuzer ist man auch darauf vorbereitet.

Im Maschinenraum befindet sich vorn auf der Steuerbordseite die Feuerlöschpumpe. Es handelt sich hierbei um eine Kreiselpumpe des Herstellers PF Feuerlöschtechnik GmbH, Jöhstadt vom Typ 10/200. Bei voller Leistung erzeugt sie einen Druck von 8 Bar und ist dabei in der Lage, bis zu 140 Kubikmeter Seewasser pro Stunde zu fördern. Das entspricht einer Löschleistung von 2.333 Litern pro Minute und damit – zum Vergleich – der ungefähren Kapazität eines Feuerwehr-Tanklöschfahrzeugs.

Die neuen Seenotkreuzer verfügen nicht, wie ihre größeren Schwestern, über einen festinstallierten Löschmonitor im achterlichen Bereich des oberen Fahrstandes. Das Löschwasser wird an ein Abgabeventil an Deck gepumpt und dort gegebenenfalls über Verteiler mit C- und B-Schläuchen abgenommen. Die Brandbekämpfung erfolgt von drei möglichen Stationen entweder mit einem dann dort montierten Alco Monitor HH 366 oder einem Fogfighter-Strahlrohr, die je nach Bedarf im Sprüh- oder Vollstrahlmodus eingesetzt werden können.

Für Löscharbeiten in verqualmten und vergifteten Atmosphären steht den Rettungsmännern außerdem ein Atemschutzgerät mit der dazugehörigen Ausrüstung zur Verfügung.

Der Monitor auf der Arbeitsplattform wird zum Löschen vorbereitet.

DIE SEENOTRETTER
DGzRS

Bordhospital – Notfallmedizin auf See

Ein großer Teil von Unglücken auf See geht einher mit medizinischen Notfällen. Darauf sind die Seenotretter vorbereitet – fachlich und durch ihre Ausrüstung. Die beiden neuen Seenotkreuzer verfügen im Eingangsbereich zum Deckshaus über einen Spezialraum, der sich mit wenigen Handgriffen in ein Bordhospital umwandeln lässt, das von seiner Ausstattung mit der eines Notarztwagens vergleichbar ist. Hier kann eine erkrankte, verletzte oder unterkühlte Person schnell und professionell erstversorgt werden. Platz für eine vorhandene Korbtrage steht am Boden zur Verfügung.

Das Hospital ist mit modernsten medizinischen Geräten ausgestattet. So ist die Sauerstoff-Beatmungsanlage zusätzlich mit einem Humidifier zur Erwärmung und Befeuchtung zugeführter Atemluft versehen. Eine wichtige Einrichtung zur Behandlung unterkühlter Personen. Den Rettungsmännern steht ein Halbautomatik-Defibrillator zur Behandlung von Herzrhythmusstörungen und zur Reanimation zur Verfügung.

Mit einem umfangreichen Sortiment an Medikamenten, Verbandsmaterial und medizinischem Besteck in einem Erste-Hilfe-Notfallkofferset sind die Seenotretter auf viele Situationen vorbereitet. Für den mobilen Einsatz auf den Arbeits-Tochterbooten oder an Bord eines Havaristen gehört ein Notfall-Rucksack zur Ausrüstung, ebenso eine Bergungstrage zum stabilen Patiententransport, die zudem von SAR-Hubschraubern zum schnellen Transfer auf das Festland aufgewinscht werden kann.

Montage des medizinischen Equipments während des Innenausbaus.

Stores, so in nautischen Fachkreisen die Bezeichnung der Schränke, für schweres Werkzeug (links), den medizinischen Notfall-Rucksack und mehrere Rettungswesten für die Besatzung (Mitte) sowie die Ausstattung des Bordhospitals (rechts).

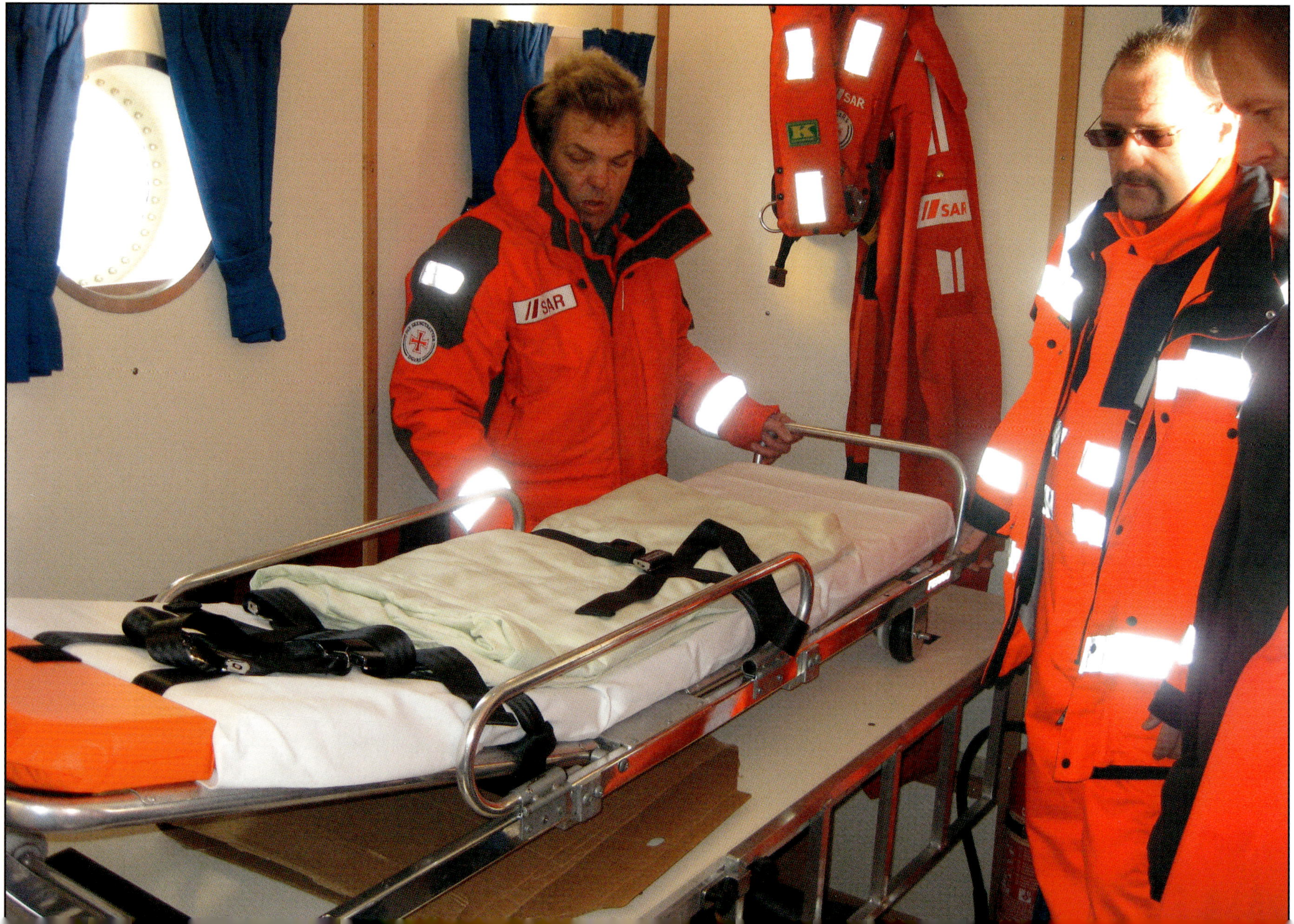
SAR
SAR
SAR

Die Messe
– klein, funktional und gemütlich

Durch den Mehrzweckraum gelangt man über einen Niedergang in die Messe des Seenotkreuzers, wo sich die Besatzung bei Besprechungen, Stand-By-Zeiten und in den Arbeitspausen aufhält. Neben einer kompletten Kücheneinrichtung befinden sich hier das Radio und verschiedene UKW-Funkgeräte sowie der Zugang zu den sanitären Anlagen, zum Maschinenraum und zur Brücke.

Eine permanente Nutzung der Messe sieht das neue DGzRS-Konzept „Wohnen an Land" nicht vor. Trotzdem, so Vormann Hans-Jürgen Hansen, ist sie eine notwendige Einrichtung: „Tagsüber arbeiten wir hier an Bord, warten und pflegen das Schiff. Einsätze und Kontrollfahrten stehen natürlich auch an und können durchaus auch einmal länger dauern. Da ist die Messe natürlich unentbehrlich. Und, ganz wichtig, wenn wir bei einem Einsatz schiffbrüchige Personen übernehmen und versorgen, dann ist dafür dieser Raum ideal."

linke Seite: Der Notfall-Behandlungsplatz im Bordhospital wird aufgebaut.
rechts: Klein, fein und funktional: die Messe. Durch das Schott gelangt man in die Vorpiek.

Funk- und Peiltechnik

Bei einem Seenotfall ist die reibungslose Kommunikation zwischen den Schiffbrüchigen, dem Seenotkreuzer, der SEENOTLEITUNG BREMEN der DGzRS sowie weiteren am Einsatz beteiligten Schiffen und Flugzeugen wichtige Voraussetzung für eine erfolgreiche Rettung. Aus diesem Grund ist die funktechnische Ausrüstung von SK 30 und SK 31 auf dem neuesten Stand der Technik.

Das kommunikative Zentrum befindet sich im unteren Fahrstand, der Brücke des Seenotkreuzers. Die hier installierten Sende- und Empfangsanlagen können auch vom offenen oberen Fahrstand aus bedient werden. Die Geräte sind vor Regen und überkommender See geschützt, da sie wasserdicht sind. Darüber hinaus überträgt ein Lautsprechersystem eingehende Funksprüche in alle Bereiche des Schiffes. Hält sich die Besatzung im Stationsgebäude auf, werden dort alle an sie gerichteten Signale empfangen. Eine Rundumüberwachung der gesamten Kommunikation ist gewährleistet.

Zwei UKW-Seefunkanlagen bilden die wichtigste Säule der funktechnischen Ausrüstung. Die Berufsschifffahrt und viele Wassersportler verfügen über dieses Sprechfunksystem. Rund um die Uhr ist auf den Seenotkreu-

Der Mast mit den Sende- und Empfangsantennen stellt den Kontakt zur Außenwelt her. Noch führt SK 30 neben der Hansekreuzflagge auch die blaue Fahne der Fassmer-Werft.

zern der internationale Notrufkanal 16 betriebsbereit, um eingehende Mayday- und Pan-Pan-Meldungen zu empfangen. Mehrere UKW-Handfunkgeräte gehören zur mobilen Ausrüstung, ebenso eine stationäre Anlage auf den Arbeits-Tochterbooten.

Das SARCOM-Betriebsfunksystem wird ebenfalls im UKW-Frequenzbereich betrieben und ist der DGzRS-internen Kommunikation vorbehalten. Für den Funkverkehr mit Rettungsdiensten an Land und auf See, mit der Polizei und Behörden befindet sich außerdem ein BOS-Handsprechfunkgerät an Bord, das auch im UKW-Bereich arbeitet. Selbstverständlich verfügen die neuen Seenotkreuzer über Telefon, Email und Internet.

UKW-Funk zeichnet sich durch eine sehr gute Verständigungsqualität aus und ist weitgehend unabhängig von atmosphärischen und witterungsbedingten Störungen. Ultra-Kurzwelle eignet sich unter Einbeziehung der 14 von der DGzRS betriebenen Relaisstationen auch für die Übertragung von Funksprüchen über größere Distanzen. Außerdem können UKW-Signale zur Positionsbestimmung eingepeilt werden. Zu diesem Zweck befindet sich im Cockpit des unteren Fahrstandes ein Vier-Band-Präzisionspeiler. Mit diesem Gerät werden Signale von Seefunkstellen im gesamten UKW-Bereich sowie auf zivilen, militärischen und Flugfunk-Frequenzen geortet. Peilt der Seenotkreuzer alleine, so erhält er eine Standlinie. Wird zusätzlich aus einer zweiten Position gepeilt, bekommt man eine Kreuzpeilung und somit den exakten Standort des Signalgebers.

Darüber hinaus hat das Gerät die Funktion eines Crew-Finders übernommen: Geht ein Besatzungsmitglied des Seenotkreuzers über Bord, wird über das automatische Aufblasen seiner Rettungsweste gleichzeitig ein Sender aktiviert. Das von ihm gesendete Notsignal wird von dem Präzisionspeiler empfangen und von diesem auf einer Kompassrose im Display dargestellt. So lässt sich der Verunglückte vom Schiff aus genau orten.

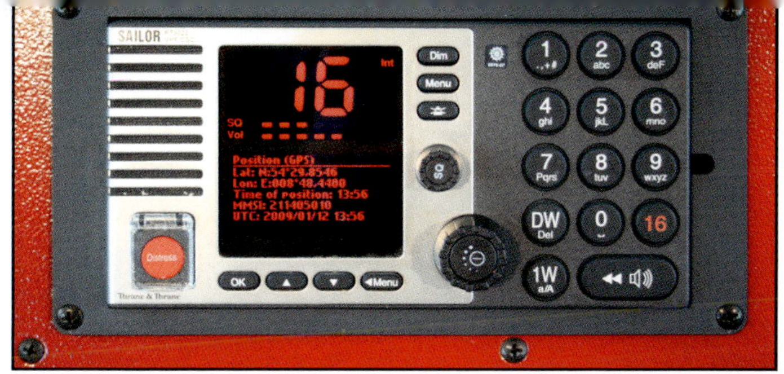

oben: Eines der UKW-Funkgeräte mit dem Not- und Anrufkanal 16.
Mitte: Digitales Aufzeichnungsgerät zur Funk-Dokumentation.
unten: UKW-Handfunkgeräte, Bordtelefon und darunter die Anzeigen der Windmessanlage.

Die Geräte der Fahrstände

1 Lautsprecher für verschiedene Funksysteme
2 Ruderlagenanzeiger
3 Echolot
4 Monitor für Radar und elektronische Seekarte
5 Peilgerät für verschiedene Notruffrequenzen
6 SARCOM-Anlage
7 UKW-Funkgerät
8 Drehzahlmesser Propellerwelle
9 Hör- und Sprecheinheit für Funksysteme
10 Schalter für Maschine, Alarme, Beleuchtung und Lichterführung
11 Fernsteuerung für Suchscheinwerfer
12 Trackball für elektronische Seekarte und Radar
13 Typhon
14 Override Sicherheitssystem Maschine, Notstopp darüber
15 Fahrhebel für die Motoren
16 Nottiller
17 Notauslösung Schlepphaken
18 Bugstrahlruder
19 Steuerhorn für den manuellen Fahrbetrieb
20 Sat-Kompass
21 Selbststeueranlage (Autopilot)

5
2
SIMRAD
6
DGzRS
4
20
3
10
FURUNO
19
7
8
7
4
12
16
21
11
14
12
13
9
12
19
15

Moderne Navigation mit der Elektronischen Seekarte

Auch in der Navigation hat das digitale Zeitalter Einzug gehalten. Natürlich sind die Nautiker an Bord der Seenotkreuzer jederzeit in der Lage, ihre Einheiten konventionell und in bester seemännischer Tradition mit Seekarte und Besteck zu führen. Doch „Kollege" Computer nimmt ihnen heute im Zusammenspiel mit Satelliten und dem GPS-System diese aufwändige und zeitintensive Arbeit ab. Dadurch schafft man Freiräume, die für die Schiffsführung, die Kommunikation, rettungsdienstliche Arbeiten oder das Notfallmanagement genutzt werden können.

Das Herz der Navigation ist das Elektronische Seekartensystem (ECDIS = Electronic Chart Display and Information System). Auf zwei Bildschirmen im unteren und einem wasserdichten Display im oberen Fahrstand sind die Seegebiete dargestellt, wie auf einer Seekarte aus Papier. Nur muss das elektronische Pendant nicht manuell berichtigt werden. Die Zoomfunktion erleichtert zudem das Navigieren im Nahbereich, ver-

DGzRS-Geschäftsführer Udo Helge Fox und Holger Freese (rechts) begutachten den Baufortschritt von SK 30. Im Hintergrund das Arbeits-Tochterboot RESCUE 2.

Im unteren Fahrstand: Radargerät im Standby-Modus. Links neben der Bedienkonsole der Trackball für den Cursor am Bildschirm.

mittelt aber auch einen Überblick über die Verkehrsströme in einem größeren Seegebiet.

Das in der Seeschifffahrt ab einer Größe von 300 BRZ ausrüstungspflichtige Automatische Identifikationssystem (AIS) sendet über einen Transponder eine Vielzahl Schiffsdaten statischer (Schiffsname, Rufzeichen, Abmessungen ...) und dynamischer (Position, Kurs, Geschwindigkeit ...) Art. Außerdem Informationen zum Zielhafen, zur Ladung, zu möglichen Gefahrgutklassen etc. Diese Signale werden vom Seenotkreuzer empfangen und in der elektronischen Seekarte dargestellt. Die bordeigenen Navigationssysteme liefern auch die Informationen über Kurs und Geschwindigkeit des eigenen Fahrzeugs, das Radaroverlay zusätzlich die elektromagnetischen Funkmessdaten. So verfügt der Vormann jederzeit über ein aktuelles, gestochen scharfes Bild der nautischen Lage. Ein vergleichbares Gerät – kleiner und tragbar – gehört zur Ausrüstung des Tochterbootes.

Erheblich erleichtert wird das Navigieren der Seenotkreuzer durch die Selbststeueranlage. Diese wird durch einen GPS-

oben: Links das Steuerhorn zur Bestimmung der Fahrtrichtung, rechts die Fahrhebel für den Haupt- und Nebenmotor.

unten: Die elektronische Seekarte. Auf dem Monitor ist die Ansteuerung von Strucklahnungshörn auf Nordstrand zu erkennen.

Kompass und die Bordelektronik mit allen notwendigen nautischen Daten gespeist. Der Vormann legt lediglich den zu steuernden Kurs fest, der dann selbsttätig vom Schiff gefahren wird. Auch können Kursänderungen auf vorher definierten Positionen einprogrammiert werden, die die Selbststeuerung auf den Punkt genau vornimmt.

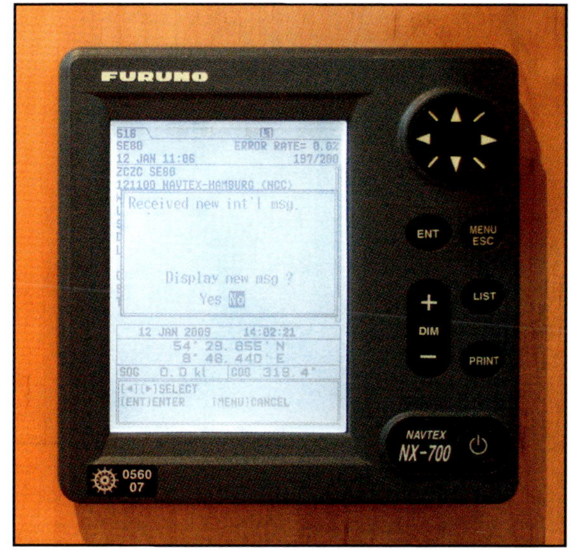

oben links: Anzeiger Windrichtung und -geschwindigkeit.
oben rechts: Navtex-Display
unten von links: Ruderlagenanzeiger, Echolot und Steuerhorn

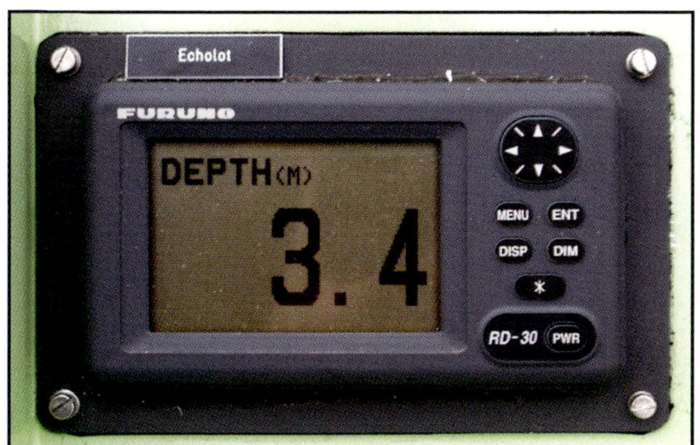

Erprobung - Hightech im Praxistest

Beim Bau eines Schiffes handelt es sich häufig um ein Einzelstück oder – wie im Fall der 20-Meter-Seenotkreuzer – um Kleinserien. Viele technische Details lassen sich am Computer berechnen oder im Vorfeld durch Praxisversuche simulieren. Trotzdem gehören Kinderkrankheiten und kleinere technische Probleme zum Alltag der Schiffbauer.

Jede technische Komponente wird unmittelbar nach dem Einbau auf ihre Funktion und Zuverlässigkeit hin überprüft. Dabei ist das einwandfreie Zusammenspiel mit anderen Systemen – elektrisch, elektronisch, digital, mechanisch oder hydraulisch – von besonderer Wichtigkeit. Auch auf die ergonomische Anordnung von Geräten, Armaturen sowie Bedienelementen und die damit verbundene einfache Handhabung gerade in extremen Situationen wird bei der Erprobung auf der Werft großer Wert gelegt.

Vor den ausführlichen Tests in der Nordsee hat SK 30 eine besonders harte Prozedur zu absolvieren, der zuvor noch nie ein Seenotkreuzer der DGzRS unterzogen wurde: einen Kenterversuch!

27. Juni 2008, 9.00 Uhr, Betriebsgelände der Fassmer-Werft: Bei Stauwasser (strömungsfreier Zeitpunkt zwischen Ebbe und Flut) wird SK 30 auf der Weser einer 360-Grad-Drehung um die Längsachse (Eskimorolle) ausgesetzt. Zwei Haltegurte werden von den Fassmer-Mitarbeitern auf Pollern an Deck von SK 30 belegt und unter dem Kiel durchgezogen. Durch Sandsäcke ist das noch fehlende Gewicht von Ausrüstung und Besatzung im Schiffsinneren dargestellt. Auf das Signal von Holger

Scharfgeschnitten, elegant und kraftvoll wirkt der Bug von SK 30.

Freese beginnt ein mächtiger Werftkran am Ufer so lange Zug auf die Trossen auszuüben, bis der Seenotkreuzer um 180 Grad gedreht kieloben in der Weser liegt. Nur guter zwei Sekunden bedarf es nach Lösen der Verbindung, bis das Deckshaus mit Macht wieder durch die Wasseroberfläche bricht. Wie durch Geisterhand hat sich der neue Seenotkreuzer zurück in Normallage gebracht. Prüfung bestanden, Bestnote!

Bedingt durch ihre Konstruktion sind alle Seenotkreuzer, Tochter- und Seenotrettungsboote der DGzRS in der Lage, sich nach einer Kenterung unabhängig vom Krängungsgrad selbst wieder aufzurichten. Dahinter steckt ein physikalisches Prinzip, das dem eines Stehaufmännchens entspricht. Der Prozess des Wiederaufrichtens ergibt sich zum einen aus der Tatsache, dass das Überwasserschiff eine größere Verdrängung aufweist als das Unterwasserschiff. Darüber hinaus bewirken Kräfte, die aus Gewichtsverteilung und Auftrieb resultieren, im Bereich von Rumpf und Aufbauten, dass sich das Schiff auch aus der Überkopflage sofort wieder aufrichtet.

Anfang September 2008 beginnt für SK 30 die Erprobungsphase auf See. Von Konstrukteuren, Werftmitarbeitern und der zukünftigen Besatzung wird der neue Seenotkreuzer auf Herz und Nieren geprüft. Wie bereits bei den Versuchsfahrten mit der H.J. KRATSCHKE während der Konstruktionsphase werden die Seegangs- und Manövriereigenschaften von SK 30 auf der Weser und in der Nordsee erprobt. Neben Funktionstests der einzelnen technischen Komponenten im Dauer- und vor allem im Parallelbetrieb, gilt ein Hauptaugenmerk der Schiffbauer ihren Eigenschaften bei Seegang und dem Einfahren der Hauptmaschine in der Deutschen Bucht. In unterschiedlichen Belastungsstu-

oben: SK 31 auf dem Schiffshebewerk der Fassmer-Werft ...
... und wenig später auf der Weser am Ausrüstungskai (unten).

fen erfolgen Messreihen am Antriebs- und an den Nebenaggregaten zur anschließenden Auswertung durch die Techniker.

Was der kleine Seenotkreuzer zu leisten vermag, bewies er im Seegebiet vor Helgoland. Südlich der Düne nahm er seine große Schwester, die HERMANN MARWEDE, im Schleppversuch auf den Haken! Anstandslos zog das 38-Tonnen-Kraftpaket den Helgoländer Seenotkreuzer, der mit 404 Tonnen die mehr als zehnfache Masse besitzt, bei einer Maschinenauslastung von 75 Prozent mit neun Knoten durch die Nordsee!

„Es gab eine ganze Menge Feinabstimmungen und Nacharbeiten zu bewältigen, auch hatten wir anfangs größere Probleme mit der Hauptmaschine sowie der Kurshaltefähigkeit bei voller Geschwindigkeit", so Projektleiter Holger Freese. „Doch das ist im Schiffbau normal. Und am Ende der Erprobung funktionierte SK 30 wie in der Konstruktion geplant. Alle Leistungsanforderungen, die die DGzRS der Bauwerft bei Auftragserteilung ins Lastenheft geschrieben hatte, wurden zu unserer vollen Zufriedenheit erfüllt."

Kenterversuch: Die Sandsäcke in der Gitterbox simulieren das Gewicht von Besatzung und Ausrüstung. - Ein Kran bringt SK 30 in die Ausgangssituation.

Mit zwei Trossen wird SK 30 auf den Kopf gestellt.

Nach dem Lösen der Verbindung richtet sich der Seenotkreuzer blitzartig auf und legt sich nach einigem Schlingern wieder ruhig auf ebenen Kiel. Kentertest bestanden!

Testfahrt: Die EISWETTE läuft unter Volllast.

HERMANN MARWEDE
SAR

Erfolgreicher Schleppversuch vor Helgoland: SK 30 nimmt die zehnmal schwerere und doppelt so lange Schwester, die HERMANN MARWEDE, auf den Haken.

Während der Probefahrten kontrolliert und dokumentiert Maschinist Claus-Dieter Nissen die Betriebsdaten der Antriebsanlage.

Udo Helge Fox und Holger Freese (links) nehmen den Schlepphaken an der Achterkante des Aufbaus in Augenschein.

Feierliche Taufe auf der Weser:
EISWETTE und NOVIZE

6. Januar 2009, Dreikönigstag - in Bremen ein besonderes Datum, findet doch seit 1829 immer in den Mittagsstunden vor dem Punkendeich die Eiswette statt. Diese hanseatische Traditionsveranstaltung endet, nach einer sich immer wiederholenden öffentlichen Zeremonie, mit einem großen Stiftungsessen der ehrenwerten Eiswettgesellschaft. In diesem feierlichen Rahmen werden unter den Teilnehmern Spenden zugunsten der DGzRS gesammelt, deren Summe Jahr für Jahr zu den größten Einzelzuwendungen für die Seenotretter zählt.

Die 180. Eiswette bietet einen feierlichen und würdigen Rahmen für die Taufe von SK 30. Zum einen als Dank an die Eiswettgenossen für das außergewöhnlich hohe Spendenaufkommen und die besondere Verbundenheit zu den Seenotrettern. Zum anderen, um den Bürgerinnen und Bürgern Bremens, seit ihrer Gründung 1865 Sitz der DGzRS,

v.l.n.r.: Harald Fassmer, Taufpatin des Arbeits-Tochterbootes NOVIZE Dr. Julie Smidt, Taufpatin der EISWETTE Britta Braun, DGzRS-Geschäftsführer Dr. Bernd Anders und DGzRS-Vorsitzer Michael Grobien.

Die ehrenwerten Eiswettgenossen haben sich vor dem Täufling formiert. Im Vordergrund hält der Schneider wie in jedem Jahr eine aufmüpfige Rede.

durchaus mit entsprechendem Stolz den neuen Seenotkreuzer zu präsentieren. Und natürlich wegen des Taufnamens, doch dazu später ...

„Ob die Weser geiht oder steiht“ - ob sie fließt oder zugefroren ist - hat der exakt 99 Pfund schwere Schneider mit einem heißen Bügeleisen in der Hand im Auftrage verschiedener honoriger Institutionen aus der Hansestadt auch am 6. Januar 2009 zu prüfen. Wie schon seit vielen Jahrzehnten ist der Strom - trotz klirrender Kälte bei strahlend blauem Himmel - natürlich nicht von einer dicken Eisschicht bedeckt. Den Tod des Ertrinkens vor Augen, hält der Schneider, um Zeit zu schinden - zum Vergnügen der zahlreichen Zuschauer - eine freche und aufmüpfige Rede. Und schließlich rettet er sich an Bord der CHRISTIAN, dem Tochterboot des Bremerhavener Seenotkreuzers HERMANN RUDOLF MEYER, um auf diese Art trockenen Fußes das westliche Ufer der Weser zu erreichen.

Dieser Moment markiert üblicherweise das Ende des öffentlichen Teils der Traditionsveranstaltung. Heute hingegen ist er Auftakt für die Taufe von SK 30. Über alle Toppen geflaggt liegt der Seenotkreuzer vor dem Punkendeich auf der Weser, hält sich durch den feinfühligen Einsatz von Motor und Bugstrahlruder durch Vormann Hans-Jürgen Hansen im Strom.

Mehr als 1.000 Zuschauer am Ufer sind, nach einer kurzen Ansprache von DGzRS-Vorsitzer Michael Grobien, Zeuge

In diesem Moment wird aus SK 30 der Seenotkreuzer EISWETTE!

der Namengebung: „Allzeit gute Fahrt und stets eine sichere Heimkehr!", diesen Worten lässt Taufpatin Britta Braun, Gattin des seit 2004 amtierenden Eiswettpräsidenten Peter Braun, mit Schwung das unerlässliche Zerschlagen einer Sektflasche folgen. „Ich taufe dich auf den Namen EISWETTE", mischt sich ihr Ruf in das Bersten des Glases. Splitter fliegen, das edle Getränk rinnt an der Bordwand hinab. Die Schiffe und Boote in der Nähe gratulieren mit einem tiefen lauten Ton aus ihrem Typhon. Endlich – nach fast anderthalbjähriger Bauzeit hat SK 30 nun einen Namen.

Und auch das Arbeits-Tochterboot bleibt nicht unbenannt. Es erhielt durch die Taufpatin Dr. Julie Smidt, Ehefrau des diesjährigen Sprechers der Eiswettnovizen Johann G. Smidt, den Namen NOVIZE. Im Anschluss an die Zeremonie drehte sie mit DGzRS-Projektmanager Holger Freese am Ruder eine Spritztour auf der Weser. Dabei legte er für einen kurzen Moment die Hebel auf den Tisch und demonstrierte der Patin und den Zuschauern die enorme Kraft und Geschwindigkeit, die das Festrumpfschlauchboot zu leisten vermag.

Zeitsprung und Szenenwechsel: Mehr als 700 Herren, allesamt in Frack und Smoking gekleidet, speisen opulent an 47 runden Tischen – symbolisch den Eisschollen auf der Weser nachempfunden. Reden werden gehalten, Kontakte geknüpft. Es ist der

Der Schneider hat das westliche Weserufer dank Unterstützung der Besatzung des Tochterbootes CHRISTIAN trockenen Fußes erreicht. Im Hintergrund die frischgetaufte EISWETTE.

17. Januar 2009. Im Congress Centrum Bremen auf der Bürgerweide findet das Stiftungsfest der Eiswette statt. Ein exklusives gesellschaftliches Ereignis, das ausschließlich Männern vorbehalten ist. Nach einer mehrgängigen Menüfolge, im Kern wie immer das Bremer Traditionsgericht Kohl und Pinkel, den Reden der beiden Ehrengäste – Peter Harry Carstensen, Ministerpräsident des Landes Schleswig-Holstein, und Prof. Dr. Axel A. Weber, Präsident der Deutschen Bundesbank – bittet Schatzmeister Dr. Rüdiger Hoffmann die anwesende Gesellschaft um Spenden für die DGzRS: Er schmeichelt, motiviert und fordert auch zuweilen. Und am Ende der rund acht Stunden dauernden Veranstaltung bringt sein Kassensturz ein neues Rekordergebnis zu Tage: 302.000 Euro für die Seenotretter!

Veranstaltungen wie die Bremer Eiswette von 1829 leisten einen wichtigen Beitrag für die Beständigkeit der DGzRS und gewährleisten damit einen Beitrag zur Sicherheit in den deutschen Seegebieten. Die Seenotretter erfüllen eine hoheitliche Aufgabe im Auftrag der Bundesregierung, finanzieren sich hingegen ausschließlich mit den freiwilligen Beiträgen ihrer zahlreichen Fördermitglieder und durch Spenden. Ganz bewusst nehmen sie keine staatlichen Mittel aus Steuergeldern in Anspruch, um unabhängig zu bleiben und damit den hohen qualitativen Standard des Rettungswerkes auch in Zukunft zu sichern.

Die EISWETTE nach der Taufzeremonie, noch über alle Toppen geflaggt, am Anleger Tiefer auf der Weser.

Im Hafen von Strucklahnungshörn übernimmt die EISWETTE Treibstoff direkt vom Tankwagen. Im Hintergrund liegt der Reserve-Seenotkreuzer HANNES GLOGNER.

Bis zu 4.500 Liter Dieselkraftstoff können die Seenotkreuzer der 20-Meter-Klasse bunkern.

EISWETTE
SAR

EISWETTE
SAR

SAR
EISWETTE

SAR

Geschichte der DGzRS-Station auf der Halbinsel Nordstrand

Die DGzRS-Station im Hafen von Strucklahnungshörn am westlichen Ende der Halbinsel Nordstrand zählt zu den jüngsten Stützpunkten der Seenotretter. Im Jahr 1964 wurde er ins Leben gerufen – zunächst mit freiwilligen Rettungsmännern, die sich zum großen Teil aus den Reihen der dort lebenden Fischer rekrutierten.

Bis zu diesem Zeitpunkt wurde der Rettungsdienst in dem Seegebiet westlich von Nordstrand mit seiner ausgedehnten Wattenlandschaft und den vorgelagerten Halligen und Sandbänken von den Stationen Büsum, Amrum und Helgoland aus betrieben. Von 1886 bis 1947 existierte außerdem eine Station im benachbarten Ording, von 1869 bis 1936 in Süderhöft an der Südwestspitze der Halbinsel Eiderstedt und von 1891 bis 1895 auf der Hallig Süderoog.

Darüber hinaus unterhielt die DGzRS von ihrer Gründung im Jahr 1865 bis zum Ende des Zweiten Weltkrieges Rettungseinrichtungen auf dem „Eider-Feuerschiff“ und dem Feuerschiff „Außeneider“. Eine ganze Reihe von erfolgreichen Einsätzen wurden von diesen Stationen auf Seeposition aus gefahren. Doch forderte die Nordsee auch ihren Tribut: Am 22. Februar 1903 kamen fünf Rettungsmänner des „Eider-Feuerschiffes“ bei einer Einsatzfahrt ums Leben.

Die Gründung der Station Nordstrand unter ihrem ersten Vormann, dem damaligen Hafenmeister Ludolf Ketelsen, erfolgte am 10. Mai 1964 mit der Übernahme des 1944 bei der Lürssen-Werft in Bremen-Vegesack gebauten Motorrettungsbootes HORUMERSIEL, das zuvor von Maasholm aus zum Einsatz gekommen war. Der zehn Meter lange Rumpf dieser Einheit war aus Mahagoni gefertigt. Ein 60 PS starker Dieselmotor ermöglichte eine maximale Geschwindigkeit von acht Knoten.

Ein erster Einsatz für die aus freiwilligen Rettungsmännern bestehende Besatzung wurde von der DGzRS-Literatur (Jahrbuch 1965) für den 30. September 1964 erwähnt: Das Strandmotorrettungsboot HORUMERSIEL rettete zwei Jugendliche in einem Ruderboot, mit dem sie bei Sturm in Seenot geraten waren.

Am 15. Juli 1969 kam die HINDENBURG (V) von der Station List auf Sylt nach Nordstrand. Bei der Pahl-Werft in Finkenwerder 1944 aus Stahl gebaut, verfügte das 17,5 Meter lange Motorrettungsboot über zwei Dieselmotoren mit jeweils 150 PS. Die

Bei Stationsgründung 1964 kam zunächst das Motorrettungsboot HORUMERSIEL zur Station Nordstrand, ab 1969 die HINDENBURG.

Zwölf Monate lang lag die SIEGFRIED BOYSEN zu Erprobungszwecken auf Nordstrand. Die H.J. KRATSCHKE, technisches Vorbild der EISWETTE (II), war hier von 1979 bis 1996 stationiert.

Höchstgeschwindigkeit lag bei 10,5 Knoten. Die Besatzung bestand nun aus festangestellten Rettungsmännern, Vormann war Willi Paulsen.

Zu Erprobungszwecken und als rettungstechnische Ergänzung kam von Juni 1972 bis Juni 1973 das 12-Meter-Seenotrettungsboot SIEGFRIED BOYSEN zur Station. Die HINDENBURG (V) wurde nach ihrer Außerdienststellung im Januar 1979 als Großexponat vom Kieler Stadt- und Schifffahrtsmuseum übernommen und kann dort besichtigt werden.

Abgelöst wurde sie von der H.J. KRATSCHKE, seinerzeit einer der modernsten und leistungsfähigsten Seenotkreuzer in der Flotte der DGzRS: 19 Meter lang, 18 Knoten schnell, ausgestattet mit einer 830 PS starken Dieselmaschine und dem Tochterboot LUDJE in der Heckwanne. Diese Einheit wurde im Juli 1996 von der VORMANN LEISS ersetzt - einem Seenotkreuzer der 23-Meter-Klasse, gebaut 1985 bei Abeking & Rasmussen in Lemwerder. Sie verfügt über zwei Dieselmotoren mit insgesamt 1944 PS, die eine Höchstgeschwindigkeit von 20 Knoten ermöglichen. Mit der Indienststellung der EISWETTE (II) hat die VORMANN LEISS die 1980 gebaute EISWETTE (I) auf der Station Amrum abgelöst. Das bisherige, 1985 gebaute, Tochterboot ERIKA wird im Laufe des Jahres 2009 durch die JAPSAND - das jüngere und modernere Tochterboot der EISWETTE (I) – ersetzt werden.

1998 ging Vormann Willi Paulsen nach mehr als 30 Jahren auf der Heuerliste der DGzRS in den Ruhestand. Sein Nachfolger Hans-Jürgen Hansen leitet seitdem, unterstützt von seinem Stellvertreter Ernst Erich Dostal, die Station Nordstrand. Die Besatzung besteht aus insgesamt neun festangestellten und zusätzlichen zehn freiwilligen Rettungsmännern.

1991 errichtete die DGzRS am Hafen von Strucklahnungshörn ein Stationsgebäude. Zu großen Teilen in Eigenleistung durch die Besatzung wurde 2008 durch umfangreiche Um- und Ausbaumaßnahmen die Möglichkeit einer wohnwirtschaftlichen Nutzung der Immobilie geschaffen – Voraussetzung für die Stationierung der EISWETTE (II) auf Nordstrand.

Das Anforderungsprofil an die Seenotretter von Nordstrand ist vielschichtig und anspruchsvoll. Häufig sind sie im Einsatz für havarierte Fischereifahrzeuge, die im Dreieck von Amrum, Westerhever und Husum küstennah auf Fangreise sind. Auch der intensiv ausgeübte Wassersport in diesem Revier sorgt für eine hohe Alarmierungsfrequenz. Bei Großschadenslagen erweitert sich das Einsatzgebiet in Zusammenarbeit mit weiteren SAR-Einheiten auf den gesamten Bereich der Deutschen Bucht.

Stationsgeschichte Greifswalder Oie

Die Insel Greifswalder Oie liegt rund 12 km nordwestlich der Insel Usedom. Das Eiland hat eine Fläche von ca. 54 Hektar, ist 1550 Meter lang und in seiner größten Ausdehnung 570 Meter breit. Von See her präsentiert sich das Naturschutzgebiet mit seiner markanten Steilküste und dem 49 Meter hohen Leuchtturm.

Im Jahr 1291 gelangte die kleine Insel vor der Peenemündung von der Stadt Wolgast in den Besitz der Stadt Greifswald. Erst um 1850 wurde sie dauerhaft durch Pächter besiedelt. Seit dem Anfang des 19. Jahrhunderts blühte die Handelschifffahrt in der Ostsee auf. Um dem verstärkten Schiffsverkehr Rechnung zu tragen, wurden Seezeichen an markanten Landmarken aufgestellt. So wurde 1832 auf der Greifswalder Oie eine erste Leuchtbake errichtet. In den Jahren 1853 bis 1855 entstand der heutige Leuchtturm, der seither den Schiffen den Weg weist. Auf der Insel lebten in jener Zeit nur drei Bauern mit ihren Familien, die ihr Land von der Stadt Greifswald gepachtet hatten.

Im Jahr 1881 gründete die DGzRS am Schutzhafen eine Station. In dem neu errichteten Rettungsschuppen wurde ein 7,5 m langes Ruderrettungsboot stationiert. Für einen Einsatz brachte man es über eine Schienenablaufbahn zu Wasser.

Die Greifswalder Oie wurde 1883 von der Stadt Greifswald an Preußen verkauft, das dort die Infrastruktur aufbaute. Nach der Pflasterung des Weges zum Oberland errichtete die DGzRS dort 1884 einen zweiten Rettungsschuppen, in dem ein Raketenapparat auf zwei Transportwagen stationiert wurde. Mit diesen Geräten konnten die Rettungsmänner vom Land aus eine Leinenverbindung zu einem gestrandeten Schiff herstellen und die Schiffbrüchigen mit Hilfe der Hosenboje abbergen.

Eine schwere Sturmflut am 5. Dezember 1884 zerstörte den hölzernen Bootsschuppen im Unterland. Ob das Rettungsboot die Sturmflut überstand, ist unbe-

Historische Ansichten der Station Greifswalder Oie. Rechts das Ruderrettungsboot KOMMERZIENRATH LOBECK auf der Ablaufbahn des Rettungsschuppens.

kannt. Der Rechenschaftsbericht der DGzRS für den Zeitraum 1884/85 erwähnt jedoch, dass auf der Oie ein gebrauchtes Boot von der Station Stralsund stationiert wurde. Einen Namen erhielt das Ruderrettungsboot erst 1903: KOMMERZIENRATH LOBECK.

1885 entstand ein neuer Rettungsbootschuppen aus Stein im Unterland. Im gleichen Jahr erhielt die Insel einen Telefonanschluss über die Nachbarinsel Ruden nach Thiessow auf Rügen. Seenotmeldungen konnten so in kurzer Zeit weitergegeben werden.

Die Rettungsstation stellte zu dieser Zeit eine absolute Besonderheit an der deutschen Küste dar: Da auf der Insel die Zahl der Männer nicht ausreicht, um das Rettungsboot zu besetzen, stiegen im Einsatzfall auch die Frauen mit ins Boot. Am 3. Oktober 1890 erfolgte der erste erfolgreiche Einsatz. Ein Segelboot mit zwei Personen konnte in Sicherheit gebracht werden.

Die geringe Zahl der Seeunfälle in der Nähe und insbesondere die zu geringe Mannschaftsstärke führten dazu, dass 1907 die Bootsstation aufgelöst und die KOMMERZIENRATH LOBECK mit ihrer Ausrüstung nach Bremen abgegeben wurde. Auf der Greifswalder Oie entstand 1909 ein neuer Rettungsschuppen für den Raketenapparat. Die Raketenrettungsstation war 28 Jahre in Betrieb. Die Insel wurde zum Sperrgebiet erklärt, da sie im Testgebiet der Militärs von Peenemünde lag, die dort ihre Raketenwaffen und Flugbomben erprobten. Die letzte Bauernfamilie verließ 1938 die Greifswalder Oie. Nach dem Krieg nutzte die Nationale Volksarmee bis zur deutschen Wiedervereinigung am 3. Oktober 1990 die Insel für militärische Zwecke.

Erst im Januar 1991 wurde wieder eine Rettungsstation eingerichtet. Das aus dem Seenotrettungsdienst der DDR übernommene Rettungsboot STOLTERA, ein 1975 in Polen gebautes Fahrzeug, lag nun im Schutzhafen in Bereitschaft. Es hatte eine Länge von 20,74 m und war mit zwei 210 PS starken Dieselmotoren in erster Linie als Schlepper konzipiert. Die fehlende Infrastruktur zwang die Seenotretter aber vorerst, in Kröslin Station zu beziehen.

Von Juni 1991 bis Mai 1992 diente die STOLTERA im Hafen der Greifswalder Oie als Wohnschiff für den Seenotkreuzer HANS LÜKEN, der im Juni 1991 zur Station kam. Diese 1969 gebaute SAR-Einheit lag zuvor in der Nordsee auf den Stationen Wilhelmshaven und Langeoog

Der alte Rettungsschuppen auf der Greifswalder Oie, 1909 gebaut und 1991 aufwändig saniert.

Ein Exot in der Flotte der DGzRS: das noch aus DDR-Beständen stammende Multicar wird von der Besatzung für Materialtransporte auf der Insel genutzt.

und war mit 18 Knoten fast doppelt so schnell wie die STOLTERA. Das Tochterboot ABELIUS mit einem Tiefgang von nur einem halben Meter war vor allem in den Flachwasserzonen der Peenemündung eine große Hilfe.

Mit der Vereinigung der beiden deutschen Staaten nahm die DGzRS die Wieder- und Neuherstellung von Infrastruktur unverzüglich auf. Im Juni 1991 konnte der Rettungsschuppen von 1909 nach gründlicher Sanierung als Materiallager in Betrieb genommen werden. Ein Sendemast und eine Relaisfunkanlage für das Seenotkommunikationssystem SARCOM wurden ebenfalls installiert. 1994 konnte schließlich das ehemalige Leutnantsheim als feste Unterkunft für die Besatzung des Seenotkreuzers eingeweiht werden.

Seit Juli 1996 lag der 23,3 Meter lange Seenotkreuzer FRITZ BEHRENS mit seinem Tochterboot ANNA [3] auf Station im Schutzhafen der Greifswalder Oie. Der 1980 gebaute Kreuzer war bis 1994 in Büsum stationiert. Er wurde nach Totalumbau 1995 mit einem neuen Tochterboot ausgestattet und nach kurzer Erprobung von der Nordsee in die Ostsee verlegt. Am 6. Februar 2009 löste SK 31 die FRITZ BEHRENS auf der Ostsee-Station ab.

Nach der Neugründung der Station 1991 kam die HANS LÜKEN auf die Greifswalder Oie. Die STOLTERA, eine Einheit des Seenotrettungsdienstes der DDR, diente zunächst als Wohnschiff.
Bis zur Indienststellung von SK 31 sicherte die FRITZ BEHRENS das Revier rund um das „Helgoland der Ostsee“.

Graupner – das Modell der EISWETTE entsteht

Seit der Indienststellung der THEODOR HEUSS im Jahr 1957 genießen die Seenotkreuzer der DGzRS in Modellbaukreisen eine hohe Aufmerksamkeit. Die Eleganz und Ästhetik dieser Spezialschiffe, vor allem aber die technische Leistungsfähigkeit der Vorbilder sind der Grund dafür, dass seit vielen Jahrzehnten in heimischen Hobbywerkstätten detailgetreue DGzRS-Modelle für die Vitrine oder den RC-Betrieb am heimischen Gewässer entstehen.

Schon früh erkannte die Firma Graupner aus dem schwäbischen Kirchheim das große Interesse ihrer Kunden an den Rettungseinheiten der DGzRS. So präsentierte der international erfolgreiche Hersteller von Baukästen, Fernsteuerungen und Zubehör für den Modellbau 1963 die THEODOR HEUSS. Weitere Modelle nach DGzRS-Vorbild folgten: 1972 die ADOLPH BERMPOHL, 1983 die PAUL DENKER, 1995 das Boddenboot HECHT und das Seenotrettungsboot WILMA SIKORSKI im Jahr 2000. In der

Präsentation des Graupner-Prototypen, der BERNHARD GRUBEN mit der Besatzung der HERMANN RUDOLF MEYER. Dritter von links: Stefan Graupner, Chef des traditionsreichen Familienunternehmens.

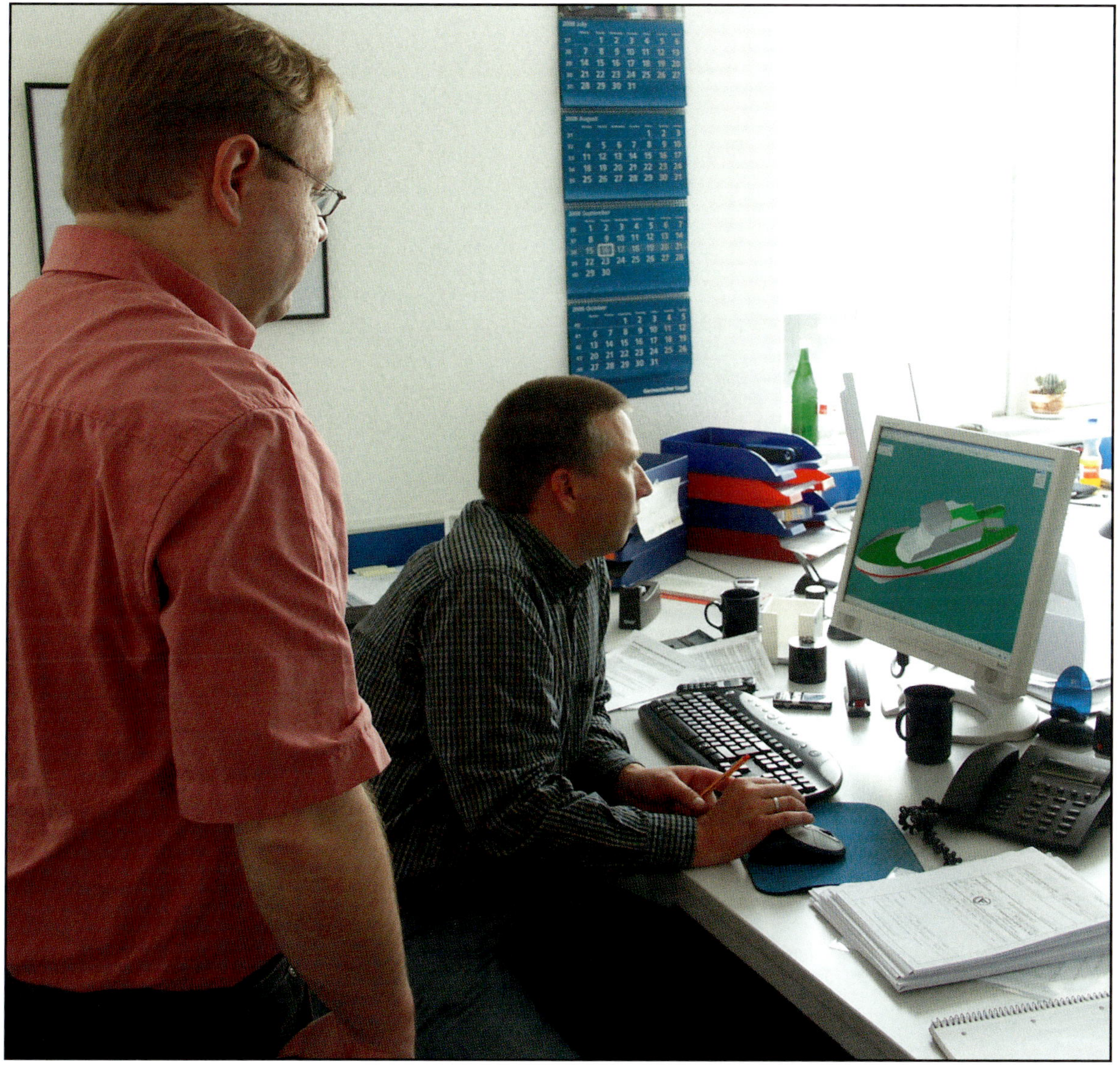

Christian Böhme, Produktmanager Schiffsmodelle bei Graupner, und Joachim Lütten, Projektleiter der Fassmer-Werft für SK 30 und SK 31, sichten die 3D-Konstruktionsdaten der neuen Seenotkreuzer am Computer.

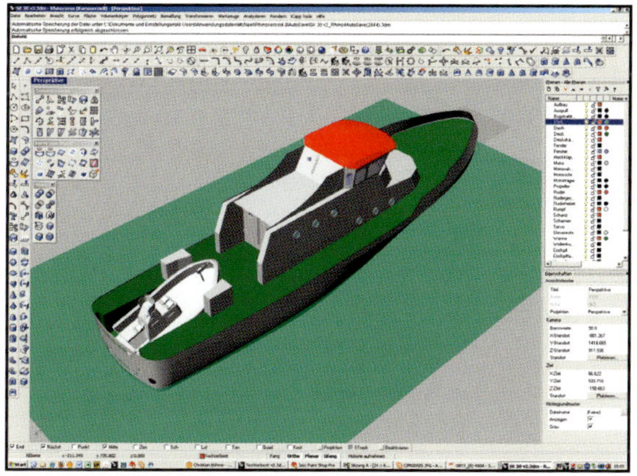

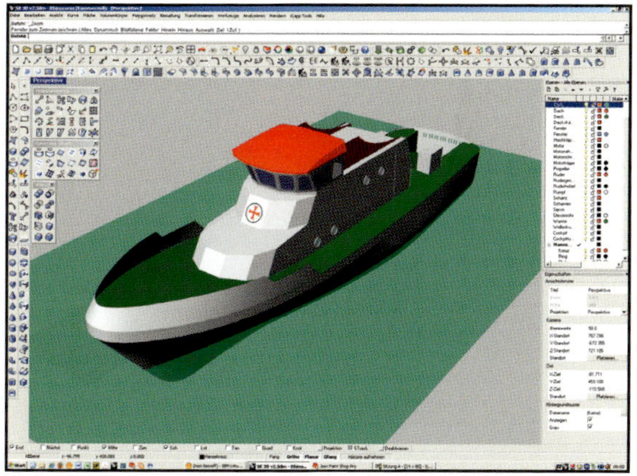

Schiffbauexperten beim Gedankenaustausch: Holger Freese und Christian Böhme.

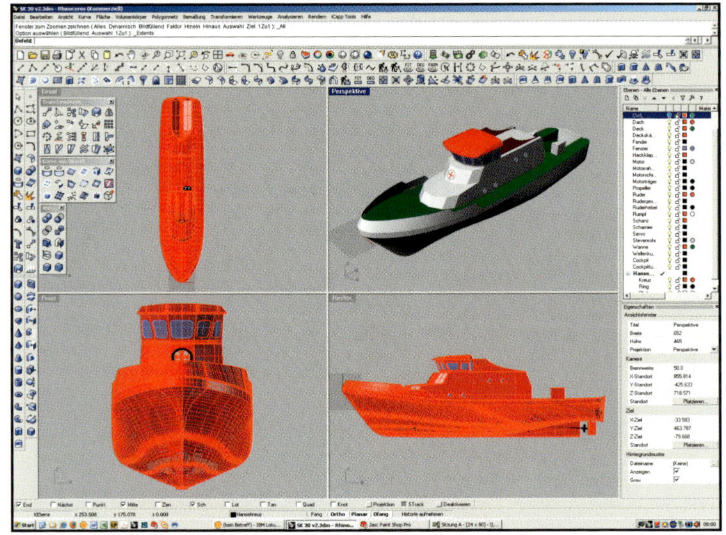

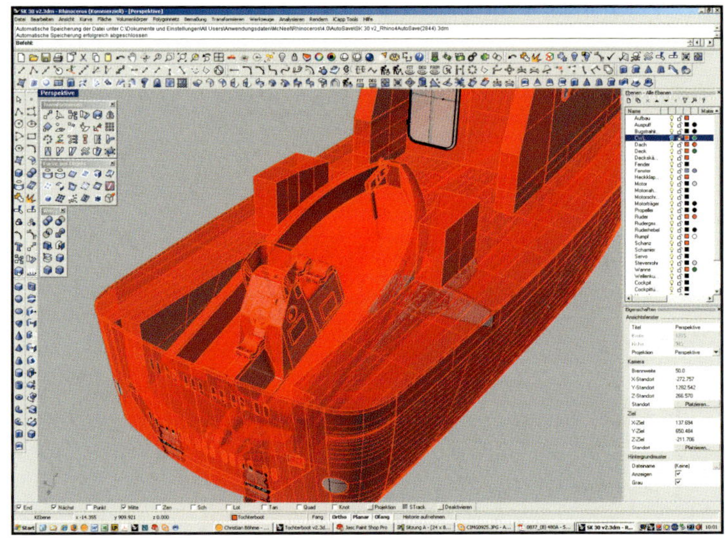

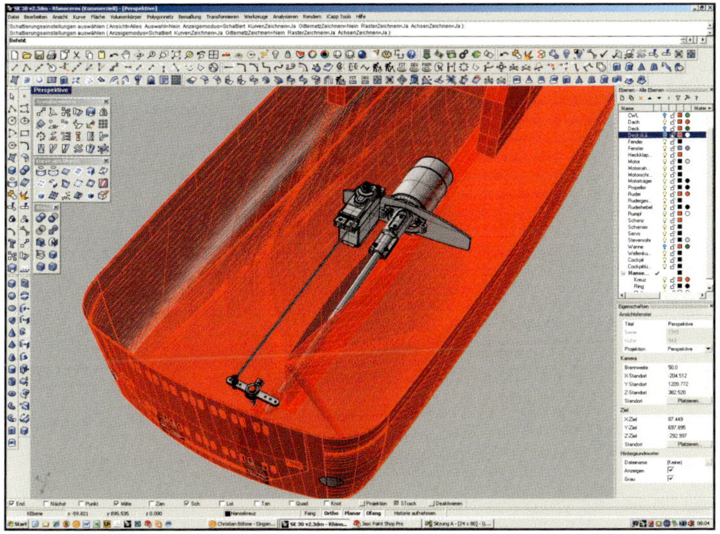

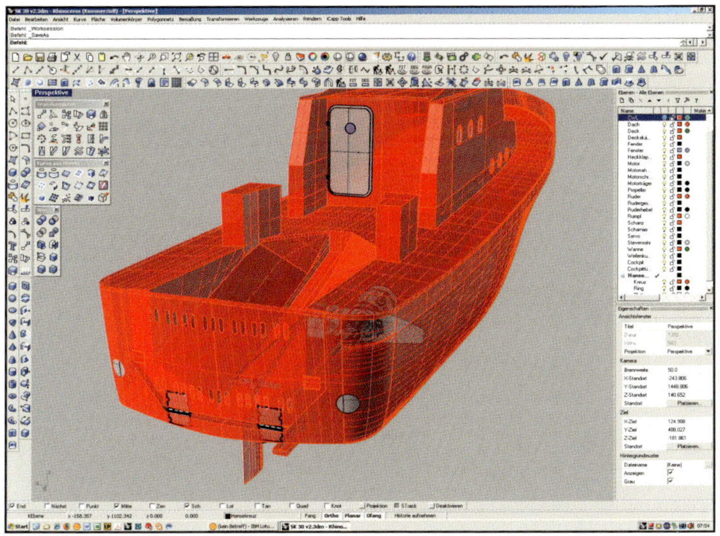

Premium-Line kamen die RC-fähigen Fertigmodelle ARKONA (2006) und THEODOR HEUSS (2008) auf den Markt. Der Seenotkreuzer BERNHARD GRUBEN mit dem Tochterboot JOHANN FIDI sind als Baukastenmodelle im Maßstab 1:20 im Laufe des Jahres 2009 im Fachhandel erhältlich.

Während eines Besuches von Geschäftsführer Stefan Graupner und Christian Böhme, dem Produktmanager Schiffsmodellbau, bei der Geschäftsleitung der DGzRS entstand im Herbst 2007 die Idee, die neuen 20-Meter-Seenotkreuzer als Modellbaukasten auf den Markt zu bringen. Schnell gewann das Projekt Formen. Die Konstruktionsabteilung der Fassmer-Werft stellte einen CAD-Datensatz zur Verfügung, der Christian Böhme als Basis für die Formgebung des Modellrumpfes diente.

Die Entscheidung für den Maßstab 1:20 war schnell getroffen. Diese Dimension entspricht der Größe vieler anderer Modellschiffe, sodass später beim gemeinsamen Schaufahren am RC-Gewässer ein einheitliches Bild entsteht. Sie ist nicht zu filigran für den Bau und nicht zu groß für den Transport.

Mit Hilfe der Konstruktionsdaten entstand mit einem CAD-Programm eine detaillierte dreidimensionale Ansicht von Rumpf und Deckshaus des neuen Seenotkreuzers. In diesem Stadium kann bereits festgestellt werden, wie später der Motor und die Komponenten der Fernsteuerung in den Schiffsrumpf eingebaut werden können. Auch die Tragfähigkeit und der Schwerpunkt werden so ermittelt.

In der Abteilung Formenbau werden aus den Konstruktionsdaten die Tiefziehformen den technischen Bedürfnissen entsprechend umgezeichnet und computergesteuert auf einer CNC-Fräse hochpräzise aus einem speziellen Formenharz ausgefräst. Hierbei kann der gesamte Fräsvorgang eines Rumpfes über Schruppen bis zum Feinschlichten bis zu 48 Stunden dauern.

Mit Hilfe des Computerprogramms Rhinoceros entsteht am Monitor der Konstruktionsplan des Graupner-Modells der EISWETTE.

Nach dem Fräsen werden alle Formen nochmals durch die erfahrenen Graupner-Spezialisten kontrolliert und gegebenenfalls mit feinstem Schleifpapier geglättet. Hierbei wird nur wenig Material abgetragen, um eventuell beim Fräsen entstandene Riefen auszugleichen. Mit diesen Formen werden dann auf einer CNC-Tiefziehmaschine die ersten Musterteile aus schlagzähem ABS-Kunststoff gezogen.

Die Kleinteile wie Reling, Lampen, Mast etc. werden überwiegend anhand von Fotovorlagen nachkonstruiert und als Laserteile gefertigt. Ebenso der Entwurf für den Dekorbogen, der später im Siebdruckverfahren entstehen wird. Nur mit dieser kostenintensiven Methode können farbechte und UV-beständige Dekorbögen gedruckt werden.

In diesem Entwicklungsstadium entsteht so ein erster Prototyp der Modell-EISWETTE, der intensiven Testfahrten auf dem Erprobungsgewässer der Firma Graupner unterzogen wird. Er dient außerdem als Motiv für Werbe- und Katalogaufnahmen und wird als Neuerscheinung bei Messepräsentationen ausgestellt.

Nach Abschluss letzter Feinarbeiten beginnt die industrielle Fertigung des Baukastens am Graupner-Standort Kirchheim/Teck. Parallel dazu wird der Bauplan entworfen und die Bauanleitung geschrieben. Auch der Verpackungskarton wird nun entworfen und produziert. Der Graupner-Modellbaukasten der EISWETTE ist, so die Planungen des Herstellers, ab der zweiten Jahreshälfte 2009 im Fachhandel erhältlich.

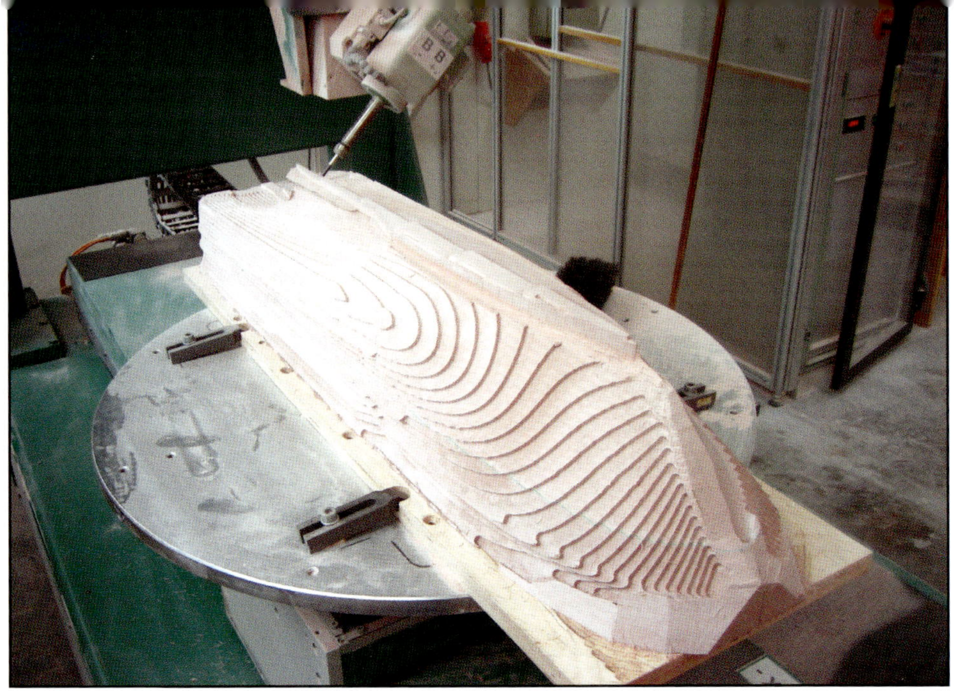

Auf der computergesteuerten Fräsbank in Graupners Versuchsabteilung entsteht der Rumpf des Seenotkreuzers.

Stempel-Unikat (links) und Original-Bordstempel der EISWETTE.

Technische Daten

Hauptdaten Seenotkreuzer

Baujahr	2008
Bauwerft	Fr. Fassmer GmbH & Co. KG, Berne
Bauwerft Deckshaus	Deters Yacht u. Bootswerft GmbH, Berne
Höchstgeschwindigkeit	22 kn
Länge über Alles	19,90 m
Länge in der Kielwasserlinie	18,30 m
Breite über Alles	5,05 m
Breite auf Spant	4,75 m
Breite in der Kielwasserlinie	4,40 m
Tiefgang	1,30 m
Seitenhöhe (Kiel/Deck)	2,72 m
Seitenhöhe (Wasserlinie/Deck)	1,42m
Seitenhöhe (Kiel/Mastspitze)	ca. 11m
Verdrängung bei 100 % Zuladung	38 t
Brennstoff Zuladung	4.500 l ohne Reservebrennstoff
Schmier- u. Hydrauliköl Zuladung	820 l
Trinkwasser Zuladung	250 l
Besatzung	3 Personen im Regelfall
Pfahlzug	8 t

Maschinendaten Seenotkreuzer

Hauptantrieb	Caterpillar C-32, Turbo
Leistung	1232 kW = 1675 PS
Nenndrehzahl	2300 min^{-1}
max. Drehmoment	6,8 kNm bei 1600 min^{-1}
Zylinder	12 in V-Anordnung
Hubraum	32,1 Liter
Gewicht	2,6 t
Hilfsantrieb	Steyr MD 166
Leistung	120 kW = 163 PS
Nenndrehzahl	2800 min^{-1}
max. Drehmoment	450 Nm bei 2300 min^{-1}
Zylinder	6
Hubraum	3200 cm^3
Gewicht	325 kg

Getriebe .... Reintjes ZWVS 440 Zweigang-Schiffswendegetriebe mit PTI
.... (Power Take In = Anschluss für Hydr. Hilfsmotor)
Propeller.................................. Carbon, fünf Flügel, 960 mm Durchmesser
Hydraulikgenerator.................... Hersteller Leroy Somer, 15 kVa
Wechselrichter.......................... Hersteller 3x Victron, 3,6 kVa/400V
Energiemanagement .... über EMPIR-BUS

Kommunikationsausrüstung

- UKW-Seefunkanlagen .... 2 x Sailor RT 5022
- SARCOM-Betriebsfunkanlage ...... 1 x Schnoor
- BOS-Funkanlage (UKW-Funk mit Behörden und Organisationen mit Sicherheitsaufgaben mit Einführung der digitalen Funktechnik)
- VHF/UHF-Funkanlage zur Kommunikation mit zivilen und militärischen Luftfahrzeugen
- GMDSS-Handfunksprechgeräte.... Fa. Simrad
- UKW-Handfunksprechgeräte....... Fa. Simrad
- Mobiltelefon (Handy)
- ISDN-Telefon bei Landanschluss . Siemens
- PC mit E-Mail-Account und Internet-Zugang bei Landanschluss
- Vier-Band-Präzisionspeiler mit Crew-Finder-Funktion der Fa. RHO Theta

Navigationsausrüstung

- Elektronische Seekarte, ECDIS=Electronic Chart Display and Information System, Hersteller Furuno
- AIS-Transponder, AIS=Automatic Identificaction System, Furuno
- Radaranlage, Furuno
- GPS-Kompass .... Simrad AR 80
- Selbststeueranlage.................. Simrad AP 50
- Ausrüstung zur konventionellen, terrestrischen Navigation

Rettungstechnische Ausrüstung

- Fremdlenzpumpe..................... $48 m^3/h$
- Lecksegel
- Schlepphaken mit Sicherheitsauslösung
- Schleppgeschirr...................... 60m/90m
- PLT Leinenschussgerät
- Auftriebskörper....................... 2 x 1000 l
- Rettungssteg
- Suchscheinwerfer
- Ferngläser der Fa. Steiner

Medizinische Ausrüstung

- Medizinischer Behandlungsplatz
- Sauerstoff-Beatmungsanlage mit Humidifier
- Halbautomatik-Defibrillator
- Notfall-Rucksack
- Bergungstrage

Feuerlöschtechnische Ausrüstung

- Feuerlöschpumpe 10/200 der Fa. PF Feuerlöschtechnik GmbH, Jöhstadt, $144 m^3$ / 8 bar
- B-Druckschlauch...................... 2x15 m + 1x8 m
- C-Druckschlauch .... 2x15 m + 1x8 m
- diverse Verteiler, Blinddeckel u. Zwischenstücke
- Fogfighter-Strahlrohr
- Atemschutzgerät mit Reserveflaschen für Personenschutz

Hauptdaten Arbeits-Tochterboot

Bauwerft .... Marine Specialised Technology Limited (MST), Liverpool (GB)
Länge über Alles .... 4,80 m
Breite über Alles....................... 2,00 m
Tiefgang .... 0,40 m
Verdrängung bei 100 % Zuladung.. 1,2 t
Gesamtvolumen der Luftkammern . 1750 l
Brennstoff Zuladung .... 80 l
Besatzung............................... zwei Personen im Regelfall
Kapazität gerettete Personen .... ca. 8
Pfahlzug .... ca. 0,75 t

Maschinendaten Arbeits-Tochterboot

Hauptantrieb........................... Steyr MO 163 mit Alamarin Jet 150
Leistung .... 120 kW = 163 PS
max. Drehzahl .... 4.000 min^{-1}
max. Drehmoment...................... 320 Nm

Zylinder	4 in Reihe
Hubraum	2133 cm³
Verdichtung	17 : 1

Individualdaten EISWETTE (II)

DGzRS-interne Baunummer	SK 30
Werft-interne Baunummer	2090
Tag der Indienststellung	22. November 2008
Liegeplatz bei Indienststellung	Strucklahnungshörn auf Nordstrand
Tag der Taufe	6. Januar 2009
Ort der Taufe	Bremen
Taufpatin EISWETTE	Britta Braun
Taufpatin NOVIZE	Dr. Julie Smidt
Erster Vormann bei Indienststellung	Hans-Jürgen Hansen
Zweiter Vormann bei Indienststellung	Ernst Erich Dostal
UKW-Rufzeichen	DBAB
Bezeichnung Arbeits-Tochterboot	NOVIZE (vormals RESCUE II)
Baujahr	2007
Werft-interne Baunummer	2007-040
UKW-Rufzeichen Arbeits-Tochterboot	DA 6853

Individualdaten SK 31

DGzRS-interne Baunummer	SK 31
Werft-interne Baunummer	2091
Tag der Indienststellung	6. Februar 2009
Liegeplatz bei Indienststellung	Nothafen auf der Greifswalder-Oie
Tag der Taufe	25. April 2009 (geplant)
Ort der Taufe	Freest
Erster Vormann bei Indienststellung	Hartmut Trademann
Zweiter Vormann bei Indienststellung	Jean Frenzel
UKW-Rufzeichen	DBAV

Bezeichnung Arbeits-Tochterboot	RESCUE I
Baujahr	2005
Werft-interne Baunummer	2005-019
UKW-Rufzeichen Arbeits-Tochterboot	DG 3893

Die Reihe „Rausfahren, wenn andere reinkommen“

Verlag Peter Kurze · Depkenstraße 21 · 28213 Bremen · Telefon 0421/223 88 18 · E-Mail pk@peterkurze.de · Internet www.peterkurze.de

Kaack-Lubkowitz-Reemts
HERMANN MARWEDE

Die im Jahr 2003 in Dienst gestellte HERMANN MARWEDE ist mit ihrer Länge von 46 Metern der größte Seenotkreuzer der Deutschen Gesellschaft zur Rettung Schiffbrüchiger. Das Buch beschreibt chronologisch und detailliert die Planungsphase, den Bau, die Erprobung und den ersten Einsatz dieser größten Rettungseinheit.

96 Seiten, 96 Abbildungen, Hardcover

Claußen-Kaack
Die Seenotkreuzer der DGzRS · 1

Dieser Band zeigt die schiffbauliche Entwicklung der Seenotkreuzer von den Prototypen BREMEN und HERMANN APELT aus den 50er Jahren bis zur THEODOR HEUSS und ihren Schwesterschiffen RUHRSTAHL, HAMBURG und H. H. MEIER. Weiter geht es mit der BREUSING-Klasse, gefolgt von der PAUL DENKER bis hin zu den vier SAR-Einheiten vom Typ OTTO SCHÜLKE.

96 Seiten, 169 Abbildungen, div. Tabellen, Hardcover

Claußen-Kaack
Die Seenotkreuzer der DGzRS · 2

In diesem Teil der Chronologie, die sich mit der Folgegeneration detailliert auseinandersetzt, werden die Einheiten der ESSBERGER-Klasse, die 23 Meter langen Seenotkreuzer EISWETTE, FRITZ BEHRENS, MINDEN und VORMANN LEISS sowie die ersten vier Schiffe der 27-Meter-Klasse beschrieben (BERLIN, HERMANN HELMS, ALFRIED KRUPP, VORMANN STEFFENS).

96 Seiten, 166 Abbildungen, div. Tabellen, Hardcover

Claußen-Kaack
Die Seenotkreuzer der DGzRS · 3

Den Abschluss der Trilogie bilden die letzten drei Einheiten der 23-Meter-Klasse, die Schwesterschiffe ARKONA und BREMEN, die vier Seenotkreuzer HERMANN RUDOLF MEYER, HANS HACKMACK, BERNHARD GRUBEN und THEO FISCHER sowie die HERMANN MARWEDE und die neue 20-m-Klasse. Spannend das Kapitel über die nicht von der DGzRS in Dienst gestellten Seenotkreuzer.

96 Seiten, 156 Abbildungen, div. Tabellen, Hardcover

Sven Claußen
Seenotkreuzer BERNHARD GRUBEN

Norderney verfügt über eine der ältesten Stationen der DGzRS. Das Revier vor der ostfriesischen Insel zählt zu den gefährlichsten Gebieten an der deutschen Küste. Das Buch beschreibt die spannende Geschichte der Seenotretter auf Norderney, vor allem aber detailliert den dort seit seiner Indienststellung 1997 stationierten Seenotkreuzer BERNHARD GRUBEN.

96 Seiten, zahlreiche Abbildungen, Hardcover